"十二五"国家重点图书出版规划项目
青少年太空探索科普丛书

# 北斗卫星导航系统

焦维新◎著

 它是夜空中明亮的"勺子",曾为先辈指引方向。
如今它变作强大的星座,为我们的出行定位导航。
本书将带领大家走进北斗卫星导航系统,
解读令人骄傲的"中国名片"。

图书在版编目（CIP）数据

北斗卫星导航系统 / 焦维新著 . -- 北京：知识产权出版社，2018.8（重印）

（青少年太空探索科普丛书）

ISBN 978-7-5130-3641-2

Ⅰ.①北… Ⅱ.①焦… Ⅲ.①卫星导航 – 全球定位系统 – 青少年读物 Ⅳ.① P228.4-49

中国版本图书馆 CIP 数据核字（2015）第 156505 号

**内容简介**

  北斗卫星导航系统是我国具有自主知识产权的卫星导航系统。本书从生活中遇到的实际问题出发，深入浅出地阐述了卫星导航定位的基本原理；概括地介绍全球定位系统（GPS）的原理和基本结构；重点介绍了我国北斗系统的构成特点与性能特征；卫星导航系统在国民经济各领域的应用；卫星导航的军事应用，特别是北斗系统在弹道导弹打击航空母舰方面所起的作用。

**责任编辑：** 陆彩云 徐家春  **责任出版：** 刘译文

青少年太空探索科普丛书

**北斗卫星导航系统** BEIDOU WEIXING DAOHANG XITONG

焦维新 著

| | | | |
|---|---|---|---|
| 出版发行： | 知识产权出版社有限责任公司 | 网　　址： | http://www.ipph.cn |
| | | | http://www.laichushu.com |
| 电　　话： | 010-82004826 | | |
| 社　　址： | 北京市海淀区气象路 50 号院 | 邮　　编： | 100081 |
| 责编电话： | 010-82000860 转 8110/8573 | 责编邮箱： | xujiachun625@163.com |
| 发行电话： | 010-82000860 转 8101/8029 | 发行传真： | 010-82000893/82003279 |
| 印　　刷： | 北京建宏印刷有限公司 | 经　　销： | 各大网上书店、新华书店 |
| 开　　本： | 720mm×1000mm　1/16 | 印　　张： | 8.75 |
| 版　　次： | 2015 年 11 月第 1 版 | 印　　次： | 2018 年 8 月第 4 次印刷 |
| 字　　数： | 130 千字 | 定　　价： | 38.00 元 |

ISBN 978-7-5130-3641-2

出版权专有 侵权必究

如有印装质量问题，本社负责调换。

# 自序

在北京大学讲授"太空探索"课程已近二十年,学生选课的热情和对太空的关注度,给我留下了深刻的印象。这门课程是面向文理科学生的通选课,每次上课限定二百人,但选课的人数有时多达五六百人。近年来,我加入了"中国科学院老科学家科普演讲团",每年在大、中、小学及公务员中作近百场科普讲座。广大青少年在讲座会场所洋溢出的热情令我感动。学生听课时的全神贯注、提问时的踊跃,特别是讲座结束后众多学生围着我要求签名的场面,使我感触颇深,学生对于向他们传授知识的人是多么敬重啊!

上述情况说明,广大中小学生和民众非常关注太空活动,渴望了解太空知识。正是基于这样的认识,我下决心"开设"一门中学生版的"太空探索"课程。除了继续进行科普宣传外,我还要写一套适合于中小学生的太空探索科普丛书,将课堂扩大到社会,使读者对广袤无垠的太空有系统的了解和全面的认识,对空间技术的魅力有深刻的体会,从根本上激励青少年热爱科学、刻苦学习、奋发向上,树立为祖国的科技腾飞贡献力量的理想。

我在着手写这套科普丛书之前,已经出版了四部关于空间科学与技术方面的大学本科教材,包括专为太空探索课程编著的教材《太空探索》,但写作科普书还是第一次。提起科普书,人们常用"知识性、趣味性、可读性"来要求,但满足这几点要求实在太不容易了。究竟选择哪些内容?怎样使读者对太空探索活动和太空科学知识产生兴趣?怎样的深度才能适合更多的人阅读?这些都是需要逐步摸索的。

为了跳出写教材的思路,满足知识性、趣味性和可读性的要求,本套丛书写作伊始，我就请夫人刘月兰做第一个读者，每写完两三章，就让她阅读，并分为三种情况。第一种情况，内容适合中学生，写得也较通俗易懂，这部分就通过了；第二种情况，内容还比较合适，但写得不够通俗，用词太专业，对于这部分内容，我进一步在语言上下功夫；第三种情况，内容太深，不适于中学生阅读，这部分就删掉了。儿子焦长锐和儿媳周媛都是从事社会科学的，我也让他们阅读并提出修改意见。

科普书与教材的写作目的和要求大不一样。教材不管写得怎样，学生都要看下去，因为有考试的要求；而对于科普书来说，阅读科普书是读者自我教育的过程，如果没有兴趣，看不下去，知识性再强，也达不到传递知识的目的。因此，对科普书的最基本要求是趣味性和可读性。

自加入中国科学院老科学家科普演讲团后，每年给大、中、小学生作科普讲座的次数明显增多。这种经历使我对不同文化水平人群的兴趣点、接受知识的能力等有了直接的感受，因此，写作思路也发生了变化。以前总是首先考虑知识的系统性、完整性和逻辑性，现在我首先考虑从哪儿入手能引起读者的兴趣，然后逐渐展开。科普书不可能有小说或传记文学那样动人的情节，但科学上的新发现、科技在推动人类进步方面的巨大作用、优秀科学家的人格魅力，这些材料如果组织得好，也是可以引人入胜的。

内容是图书的灵魂，相同的题材，可以有不同的内容。在内容的选择上，我觉得科普书应该给读者最新的、最前沿的知识。例如，《太空资源》一书中，我将哈勃空间望远镜和斯皮策空间望远镜拍摄到的具有代表性的图片展示给读者，这些图片都有很高的清晰度，充满梦幻色彩，非常漂亮，让读者直观地看到宇宙深处的奇观。读者在惊叹之余，更能领略到人类科技的魅力。

在创作本套丛书时，我尽力在有关的章节中体现这样的思想：科普图书不光是普及科学知识，更重要的是要弘扬科学精神、提高科学素养。太空探索之路是不平坦的，充满了挑战，航天员甚至要面对生命危险。科学家们享受过成功的喜悦，也承受了一次次失败的打击。没有强烈的探索精神，没有坚强的战斗意志，人类不可能在太空探索方面取得如此辉煌的成就。

现在呈现给大家的《青少年太空探索科普丛书》，系统地介绍了太阳系天体、空间环境、太空技术应用等方面的知识，每册一个专题，具有相对独立性，整套则使读者对当今重要的太空问题有系统的了解。各分册分别是《月球文化与月球探测》《遨游太阳系》《地外生命的365个问题》《间谍卫星大揭秘》《人类为什么要建空间站》《空间天气与人类社会》《揭开金星神秘的面纱》《北斗卫星导航系统》《太空资源》《巨行星探秘》。经过知识产权出版社领导和编辑的努力，这套丛书已经入选国家新闻出版广电总局"十二五"国家重点图书出版规划项目，其中《月球文化与月球探测》已于2013年11月出版，并获得科技部评选的2014年"全国优秀科普作品"，其他九个分册获得2015年度国家出版基金的资助。

为了更加直观地介绍太空知识，本丛书含有大量彩色图片，书中部分图片已标明图片来源，其他未标注图片来源的主要取自美国国家航空航天局（NASA）、太空网（www.space.com）、喷气推进实验室（JPL）和欧洲空间局（ESA）的网站，也有少量图片取自英文维基百科全书等网站。在此对这些网站表示衷心的感谢。

鉴于个人水平有限，书中不免有疏漏不妥之处，望读者在阅读时不吝赐教，以便我们再版时做出修正。

## 1/ 第 1 章 日常生活中的定位知识

2/ 古人的定位方法
5/ 用特定的建筑物定位

## 9/ 第 2 章 太空航标灯

10/ 将参照物搬到太空
14/ 导 航

## 17/ 第 3 章 典型的卫星导航系统

18/ 美国的全球定位系统
25/ 俄罗斯的卫星导航系统
27/ 欧盟的伽利略系统

## 31/ 第 4 章 北斗卫星导航系统

32/ 建设中国卫星导航系统的思路
36/ 北斗卫星导航系统构成特点
44/ 北斗卫星导航系统功能特点

## 49/ 第 5 章 导航系统的心脏

50/ 中国原子钟发展的历史
53/ 北斗系统的原子钟
56/ 国外的原子钟

59 / 第 6 章　服务民用，"北斗"义不容辞
　　61 / 智能交通
　　69 / 为民航护航
　　70 / 减灾防灾
　　75 / 农业和渔业
　　78 / 科学探索
　　81 / 民用工程
　　83 / 能源环境
　　86 / 金融保险

89 / 第 7 章　战场之上，"北斗"蓄势待发
　　91 / 现代局部战争对我国的启示
　　102 / 北斗系统在武器制导中的应用
　　105 / 北斗系统在反舰弹道导弹中的应用
　　119 / 北斗系统在特殊兵种中的作用
　　122 / 北斗系统在作战协调中的应用

128 / 编辑手记

# 第1章
# 日常生活中的定位知识

如果未来爆发一场"星球大战",空间站充当太空基地,间谍卫星做侦探,还有一个任务举足轻重,那就是需要"定位",这个任务毫无疑问地将由我们本书的主角——导航卫星来担当。

介绍导航卫星之前,我们先从日常生活中的定位常识说起,大家会发现,原来导航定位就在我们身边,和我们是那样的息息相关。

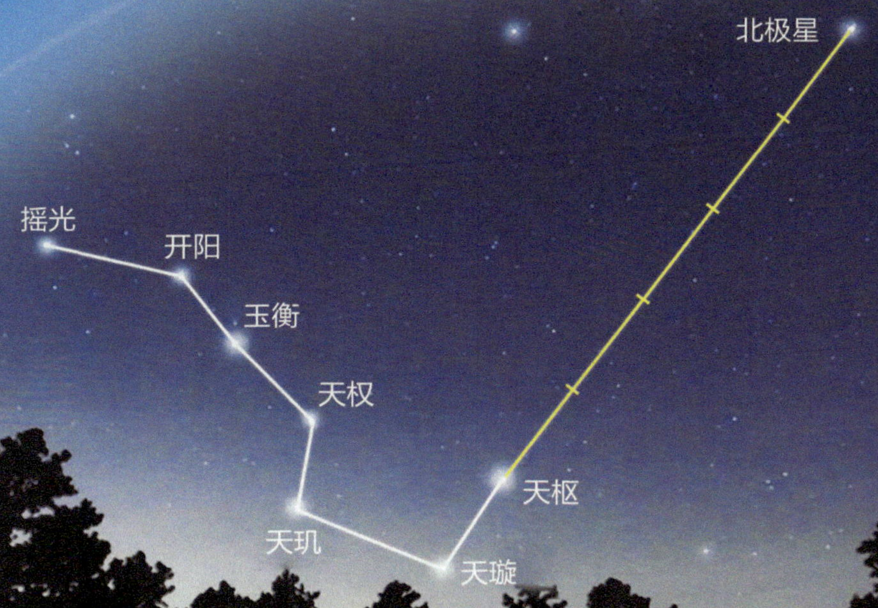

北极星

摇光
开阳
玉衡
天权
天玑
天璇
天枢

# 古人的定位方法

## 北斗七星辨方向

辨别方向是日常生活中经常遇到的问题。现代科学技术非常发达,有许多电子导航定位的方法和技术;但在科学技术非常落后的古代,人们用什么方法来辨别方向呢?一个简单实用的办法是观察天空——白天用太阳辨别方向,日出为东,日落为西,中午太阳在南;夜间则用北斗七星来辨别方向。

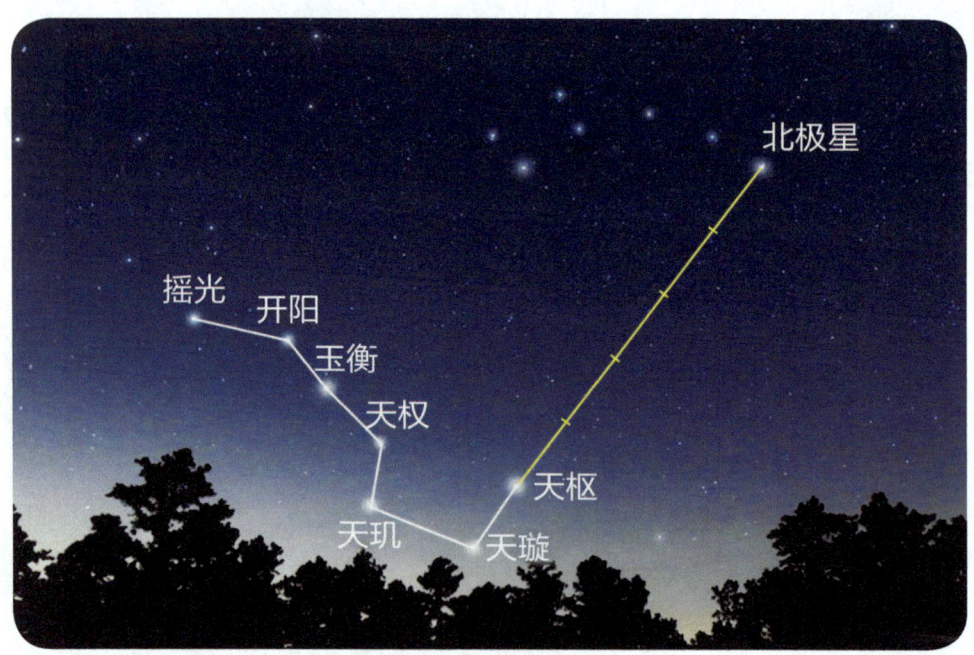

▲ 北斗七星

北斗七星是由大熊座的七颗明亮的恒星组成的，在北天排列成斗形，常被当作指示方向的重要标志。北斗七星的中国星名（按照由斗口至斗杓(sháo)连线的顺序）分别为天枢、天璇、天玑、天权、玉衡、开阳和摇光。前四颗称"斗魁"，后三颗称"斗杓"。通过斗口天璇至天枢的连线再延长5倍可以找到北极星。北极星指示的方向便是正北方。

▲ 美国阿拉斯加州的州旗，该州靠近北极，州旗就是北斗七星与北极星。

## 用指南针辨别方向

指南针是一种辨别方向的简单仪器，又称指北针，是我国的四大发明之一，其前身是中国的司南。指南针的主要组成部分是一根装在轴上可以自由转动的磁针。磁针在地磁场作用下能保持在磁子午线的切线方向上，磁针的北极指向地球北极，人们利用它的这一性能辨别方向。

要确定更精确方向时，除了指南针之外，还需要有方位盘相配合。最初使用指南针时，可能没有固定的方位盘，后来为了满足使用便利性的需要，集磁针和方位盘于一体的罗盘出现了。

罗盘上刻画了二十四个方向，这样一来只要看一看磁针在罗盘上的位置，就能判断出方向来。南宋时，曾三异在《因话录》中记载了有关这方面的应用："地螺或有子午正针，或用子午丙壬间缝针。"这是有关罗盘的最早文献记载。文献中所说的"地螺"，就是地罗，也就是罗盘。文献中已经把磁偏角的知识应用到罗盘上。

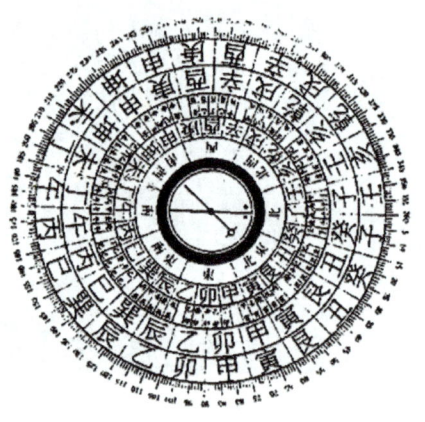

▲ 司南与罗盘

# 用特定的建筑物定位

## 平面情况

在现代日常生活中,我们也经常遇到定位的问题。比如你邀一个朋友到天安门广场去玩,快到时你用手机问朋友:"你到哪儿了?""我在人民英雄纪念碑正北大约 10 米。"这两句简单的对话就显示了我们日常生活中的定位方法,就是以一座大家都知道的建筑物为标志,确定到标志的距离和所在地与标志物的方向关系。有了这些信息,位置就完全确定了。这也告诉我们定位的基本条件:一是已知建筑物的位置;二是知道(或可测定)到已知建筑物的方向和距离。下面我们再以平面为例,说明定位的原理和方法。

还以你与朋友到天安门广场为例。如果你问朋友现在在什么位置,他回答说:"距离人民英雄纪念碑 300 米。"用几何的语言分析他的位置,应当在以人民英雄纪念碑为中心,半径为 300 米的圆周上,即右图中蓝色虚线。按照这个朋友目前给出的信息,你还无法准确知道他的位置。如果你再问:"你现在离天安门城楼有多远?"他回答说:"大约 500 米。"这时,又可以确定,他在以天安门城楼为中心,半径为 500 米的圆周上,即右图中紫色虚线。

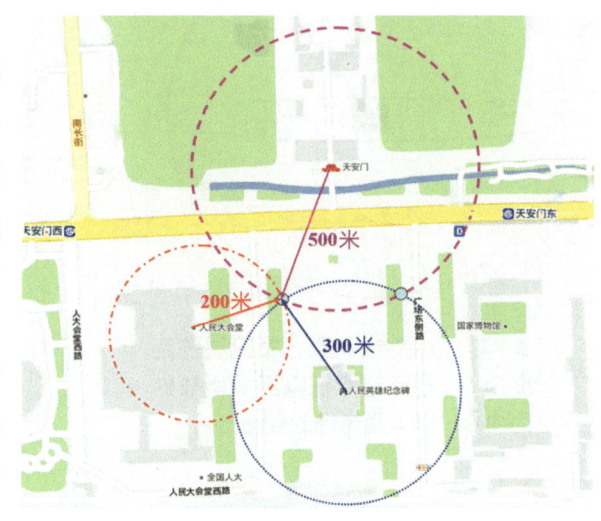

▲ 用特定的建筑物定位

因为他同时在两个圆的圆周上,所以他一定位于这两个圆的交点上,即上图中标出的两个浅蓝色的圆点上。现在虽然还不知道这个朋友的准确位置,但目标范围缩小了,只有两个点。为了确定他的准确位置,他可以告诉你是位于天安门广场中轴线以东或以西,或者再告诉你,距离人民大会堂东门200米。这时,他的位置就完全确定下来了,是3个圆周的交点。

上面的叙述似乎显得很啰唆,而且朋友所说的距离,也仅仅是目测,不够准确,但这种方法就是定位的基本原理,即根据到已知点的方向和距离,确定待测点的位置。

# 立体情况

现实生活中,我们不仅要在陆地上定位,还要在海上和空中定位,如飞机在某个时刻处于什么位置,那就是三维情况。此时采用的方法与前面叙述的完全类似,只是从平面问题变为立体问题。

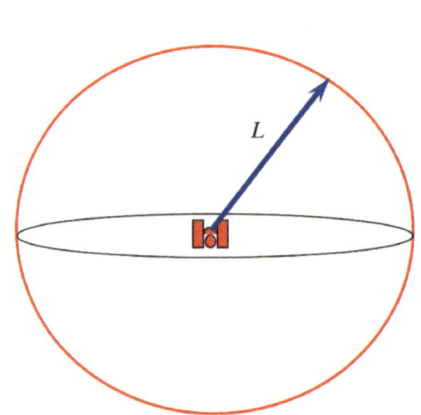

▲ 若已知待定点到一颗卫星的距离为 $L$,则待定点在以卫星所在处为中心,以 $L$ 为半径的球面上。

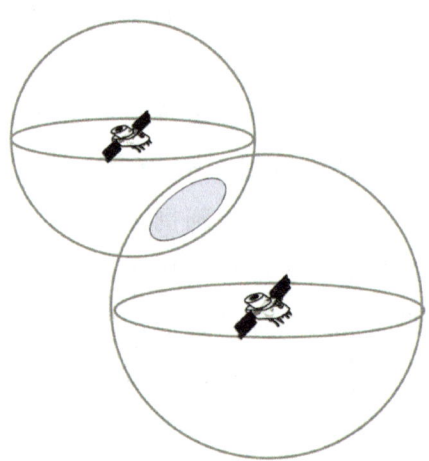

▲ 若知道待定点到两颗卫星的距离,则待定点一定在两个球面的交接处,是一个圆环。

一般来说，在同一点接收到的卫星信号越多，定位精度越高。这种情况下，从数学的角度看，待定点的解不具有唯一性，但对多个解进行误差数据处理，可以得到最佳精度的解。

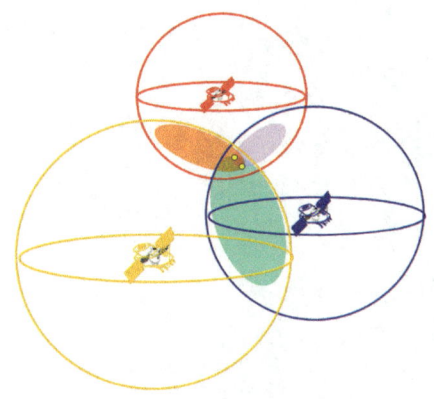

▲ 若知道待定点到第三颗卫星的距离，则待定点一定在第三个球面与圆环的交界处，是两个点。

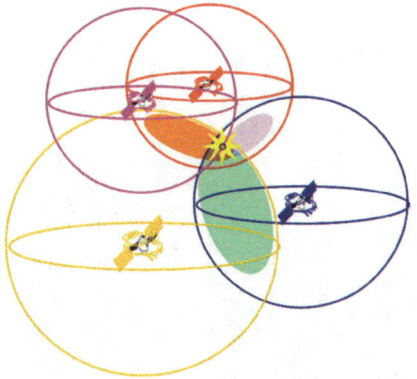

▲ 如果再知道待定点到第四颗卫星的距离，则可准确确定待定点位置，即为图中的闪光点。

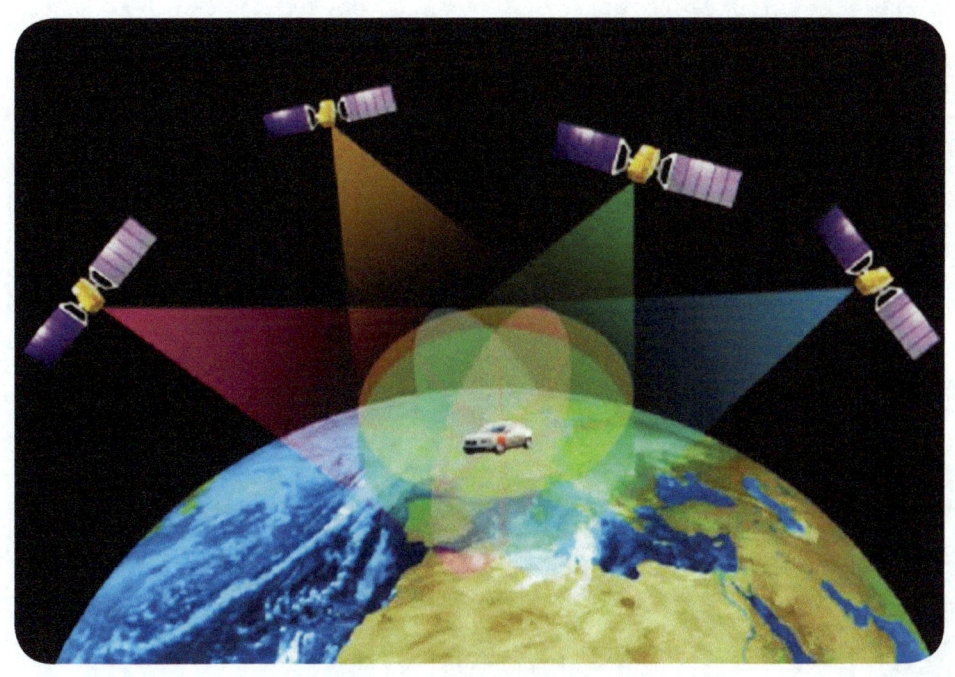

▲ 同时接收 4 颗卫星的信号

# 第 2 章
## 太空航标灯

如果把参照物搬到天上,会有什么奇妙的现象发生?卫星导航的原理是什么?现在都有哪些成熟的卫星导航系统?本章,我们将一点点接近卫星导航系统的核心,探索其神秘而强大的导航本领。

北斗卫星导航系统

# 将参照物搬到太空

## 什么叫卫星定位？

卫星定位就是通过卫星来确定用户的位置，通俗地说就是由卫星来告诉你，你现在位于什么地方。

卫星定位原理与前面叙述的一样，只是把已知建筑物"搬到了"太空，通过卫星进行导航定位。为了使地球表面绝大部分地区都能接收到卫星信号，对太空中卫星的数量有一定的要求，如美国的全球定位系统（GPS）星座由

▲ 由4颗卫星信号定位

▲ 城市森林问题

24 颗卫星构成，除了极区之外，地球表面任一位置都能同时接收到 4 颗以上卫星的信号，以确保定位的精度。

现代城市高楼林立，对卫星信号有遮挡，这种现象称为"城市森林"问题。多种导航定位系统并存，增加导航卫星的数量可在一定程度上缓解这个问题。

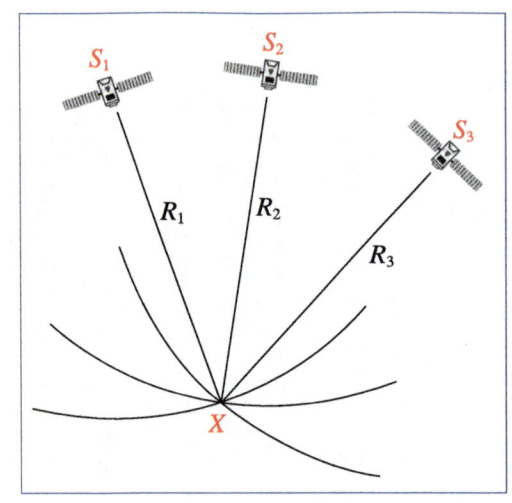
▲ 卫星定位原理

▲ 确定卫星的位置

## 卫星定位的原理

卫星定位可以通过三个步骤实现。

第一步：确定空间的参考点（S），这些参考点就是导航卫星所在位置，在确定的时刻，卫星位置是已知的。

第二步：测量待定点到各个导航卫星的距离（R）。

第三步：根据几何关系，计算待定点的位置（X）。

卫星的位置（S）是怎么知道的呢？这个问题还是比较简单的，根据卫星的

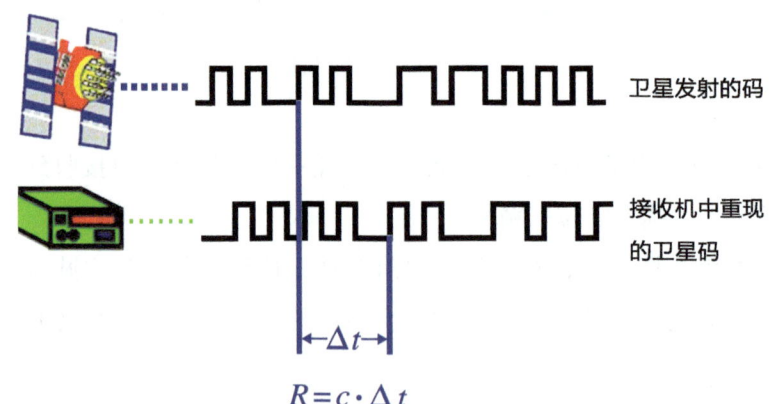

▲ 通过信号延迟来确定待定点到卫星的距离

轨道和地面测控站的数据，就可以确定任一时刻卫星的位置。

怎样确定待定点到卫星的距离（R）呢？这个问题看似复杂，其实原理也很简单，就是将电磁波从卫星传输到用户（待定点）所用的时间乘以光速。在具体操作过程中，卫星和待定点的接收机已经把许多事情都准备好了。导航卫星发射编码信号，接收机接收到的信号会有时间延迟，即下图中所示的Δt；用这个延迟时间乘以光速，就是待定点到卫星的距离。

现在，我们把卫星定位原理做个小结：

● 由轨道参数和地面站测控数据确定导航卫星的位置。

● 待定点到卫星的距离由信号的延迟时间乘以光速确定。

● 若已知待定点到4颗卫星的距离，则可准确计算出待定点所在的位置和当时的时间（x, y, z, t），其中x、y、z是位置坐标。

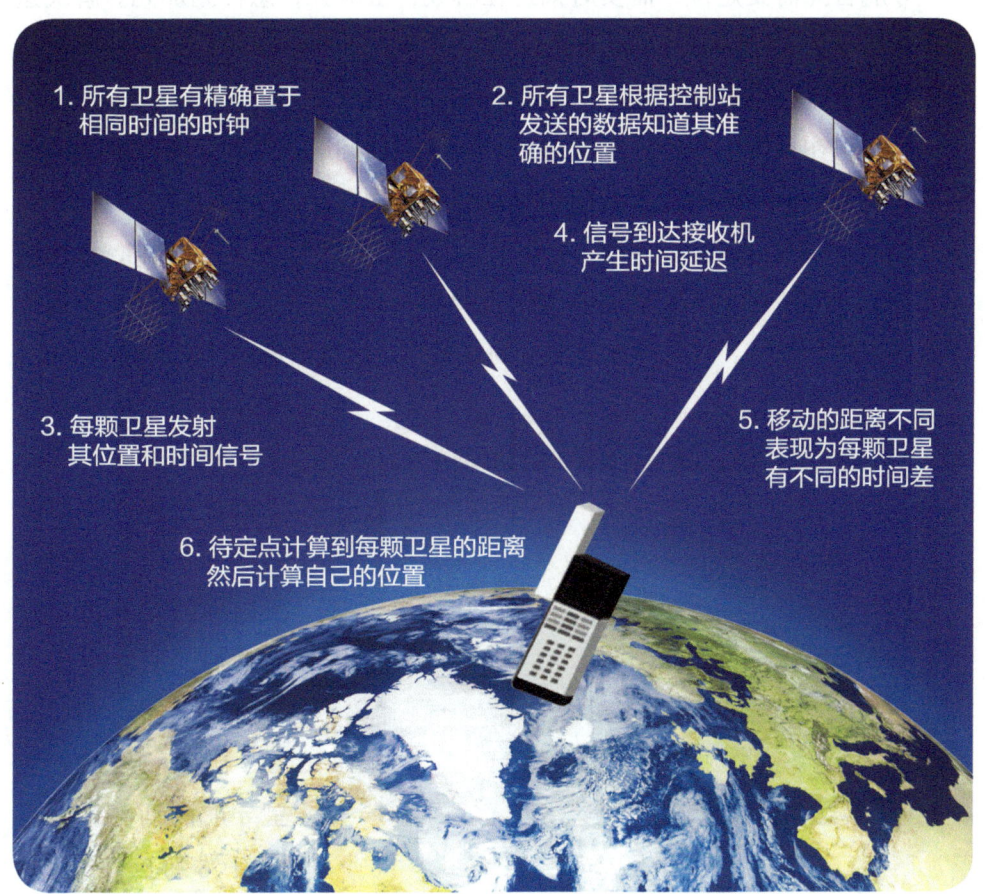

▲ 卫星定位原理

# 导　航

## 什么叫导航？

导航就是引导飞机、舰船、车辆以及行人，准确地沿着所选路线，准时地到达目的地。

导航首先需要定位，需实时知道在哪儿，去哪儿，怎样到那儿。解决这些问题要有相应的软件。卫星导航就是利用卫星确定运动物体和其目标位置，并按照程序指引运动物体到达指定目标。

其实，在日常生活中也经常遇到"导航"的问题。例如，有位朋友要到你家做客，但他不知道你家的确切位置和怎样乘车。于是你就会告诉他，在某处坐××路公共汽车，到××站下车，下车后又往××方向走，大约走××米就到了。你的指引就是在为朋友导航，你能承担起导航的任务是因为你具备了两个条件：首先你知道朋友的位置，当然也知道自己家的确切位置；另外你知道从朋友所在处到你家的行车路线或行走路线。由于你具备了这两个条件，所以你的导航肯定是成功的，朋友会很容易到达你家。

让我们再回到卫星导航的话题。假设你自驾到杭州旅游，

▲ 车载导航仪

车上带有卫星导航设备。你所需要做的工作非常简单：将导航系统设置好，如出发地和目标地。剩下的工作都由导航设备完成。从北京到杭州有多条路线，导航软件会选定一条最佳路线。在旅途中，导航设备可以随时显示你的位置，这都是由卫星定位系统实现的，至于说到某个路口应怎样转弯，那是由导航软件决定的。

## 卫星导航系统发展概况

截至 2013 年年底，只有美国的全球定位系统（GPS）以及俄罗斯的格洛纳斯系统（GLONASS）是覆盖全球的定位系统。中国的北斗卫星导航系统（BDS）于 2012 年 12 月开始服务于亚太区（由 16 颗卫星组成），预计于 2020 年达到 35 颗卫星，可覆盖全球。欧盟的伽利略（Galileo）定位系统则处于初期部署阶段，预计最早到 2020 年才能够完全运作。一些国家，包括法国、日本和印度，也在发展区域导航系统。日本的导航系统被称为准天顶卫星系统，是辅助 GPS 的系统，服务只覆盖东亚，预计由 4 颗卫星组成，目前只在 2010 年发射了 1 颗卫星，预计到 2017 年完成卫星发射任务。

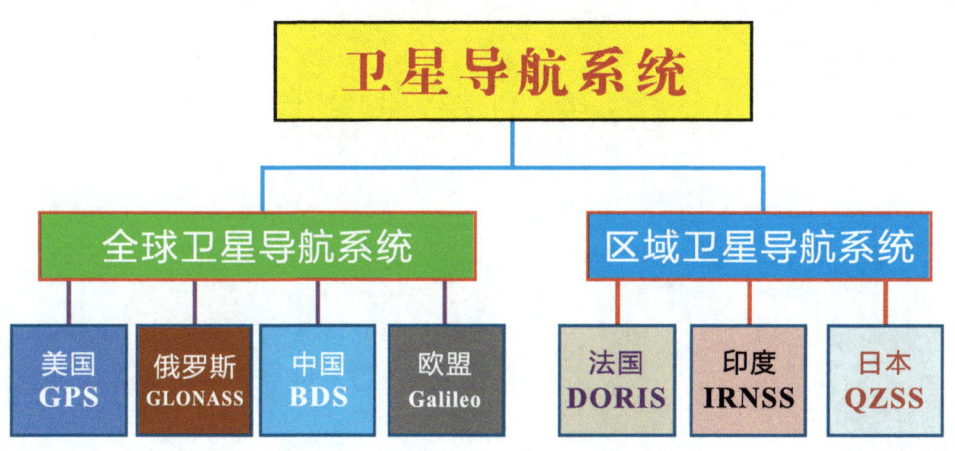

▲ 目前全世界卫星导航系统的构成

# 第3章
# 典型的卫星导航系统

在我们的穹顶之上，有一个超级俱乐部，它只有四个成员，却吸引了各国元首和科学家的关注。这个俱乐部就是全球卫星导航系统，四个成员分别是美国的全球定位系统、俄罗斯的格洛纳斯系统、欧盟的伽利略系统，以及中国的北斗卫星导航系统。它们在不同轨道错综交织，组成了一张张导航系统的"天网"。

本章我们将重点介绍国外三个典型的卫星导航系统。

# 美国的全球定位系统

## 全球定位系统的构成

美国的全球定位系统（Global Positioning System，GPS）由空间部分、地面控制部分和用户部分构成。GPS是美国国防部研制和维护的中距离圆形轨道卫星导航系统，它可以为地球表面绝大部分地区（98%）提供准确的定位、测速和高精度的时间标准。

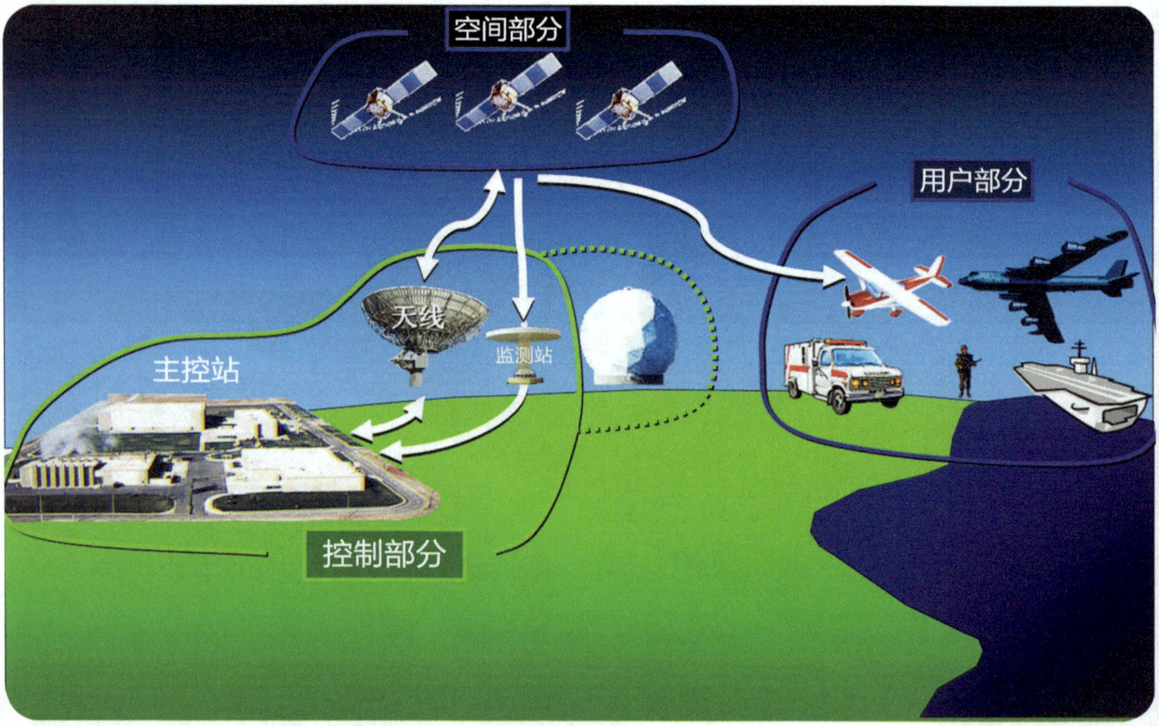

▲ GPS 的构成

GPS 系统具有以下特点：
- 全天候，不受任何天气的影响；
- 全球覆盖（覆盖率高达 98%）；
- 三维定点定速定时，高精度；
- 快速、省时、高效率；
- 应用广泛、多功能；
- 可移动定位。

# 空间部分

GPS 的空间部分由 24 颗卫星组成，其中 21 颗为工作卫星，3 颗为备用卫星。24 颗卫星均匀分布在 6 个轨道平面上，即每个轨道面上有 4 颗卫星。卫星轨道面相对于地球赤道面的倾角为 55°。这种布局的目的是保证在全球任何地点、任何时刻至少可以观测到 4 颗卫星。卫星的轨道高度 20200 千米，轨道周期 11 小时 58 分。

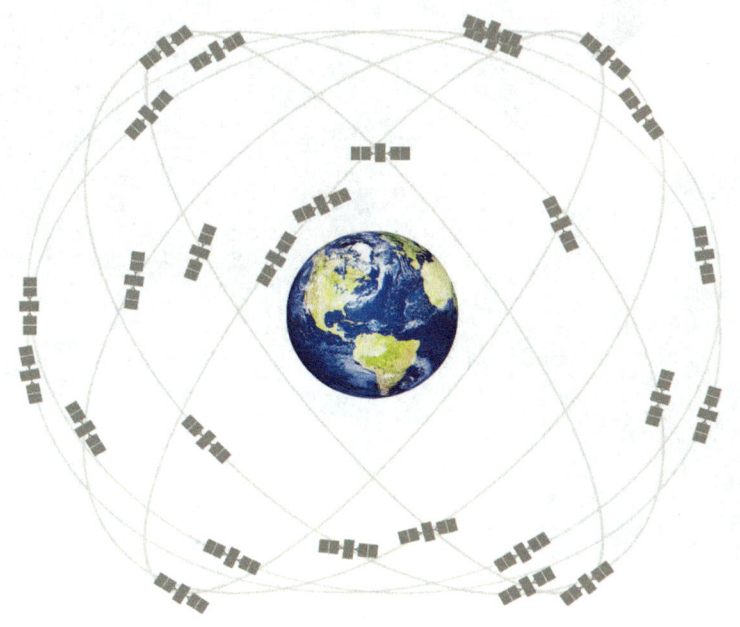

▲ GPS 星座

GPS 卫星主要部件包括星载原子钟（铯钟、铷钟和氢原子钟），天线（有 12 个单元的多波束定向天线和全向遥测遥控天线）以及太阳能电池板与蓄电池。

星上的核心设备是高精度铯原子钟，稳定度为 $10^{-13} \sim 10^{-14}$，具有抗辐射性能，它发射的标准频率信号为 GPS 定位提供高精度的时间标准。

GPS 卫星产生两组电码，一组称为 C/A 码；一组称为 P 码，P 码频率较高，不易受干扰，定位精度高，因此受美国军方管制，并设有密码，主要为美国军方服务。C/A 码在被人为采取措施而刻意降低精度后，主要开放作为民用。

▲ GPS-2RM 卫星

# 地面监控部分

地面监控部分由 1 个主控站、3 个注入站和 5 个监测站构成，分布于地面的 5 个地点。

主控站又称联合空间执行中心，位于美国科罗拉多州斯普林斯附近的佛肯空军基地。其主要任务是：（1）采集数据、推算编制导航电文；（2）给定 GPS 系统时间基准；（3）负责协调和管理所有地面监控站和注入站系统，诊断所有地面支撑系统和天空卫星的健康状况，并加以编码向用户指示，使得整个系统正常工作；（4）调整卫星运动状态，启动备用卫星。

注入站将主控站传来的卫星星历、钟差信息、导航电文和其他控制指令等注入卫星的存储器中，使卫星的广播信号获得更高的精度，满足用户的需求。

监测站共有 5 个，配备高精度铯钟和双频 GPS 接收机，在主控站的直接控制下，自动对卫星进行持续不断的跟踪测量，将接收到的数据进行处理和存储，然后传送到主控站。

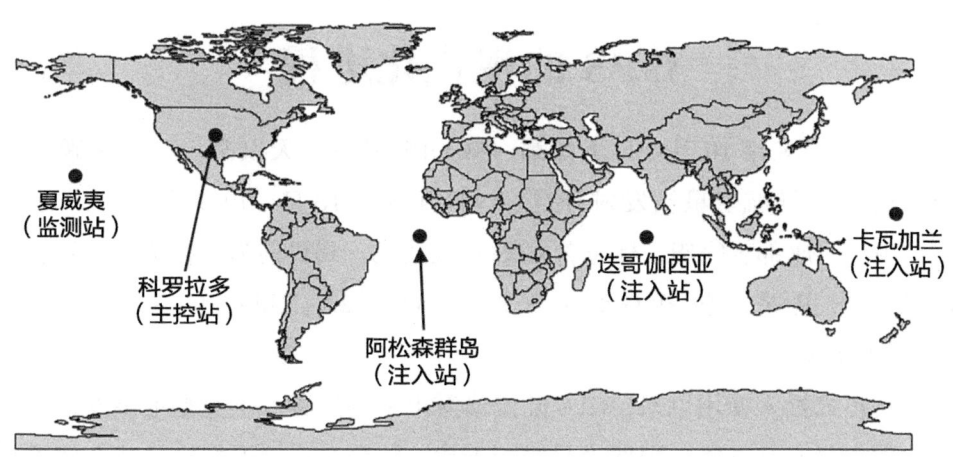

▲ GPS 系统的地面监控部分

# 用户设备

用户设备由 GPS 接收机、数据处理软件及相应的用户设备（如计算机等）组成。用户设备的作用是接收 GPS 卫星发出的信号，利用这些信号进行导航定位等工作。这些设备随着用户使用目的的不同而有各种各样的型号。

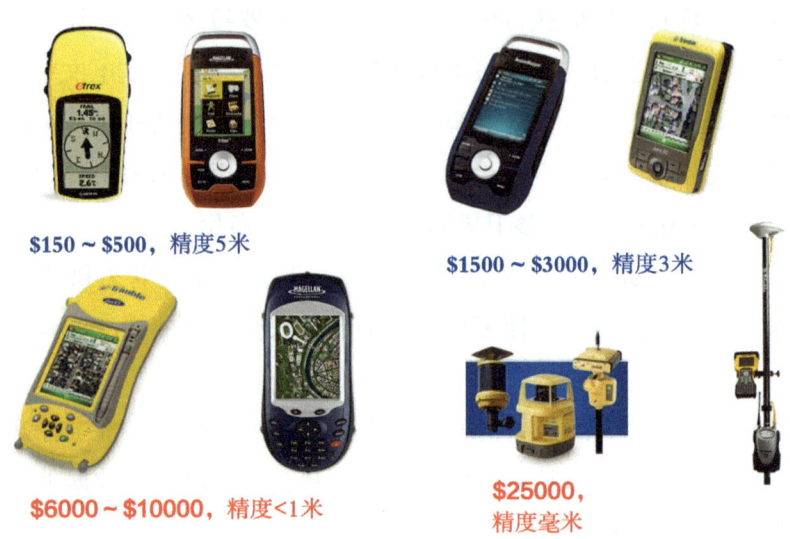

▲ 部分接收机的性能和价格

# GPS 的现代化进程

自从 1978 年 10 月 6 日美国第一颗 GPS 卫星上天以来，已有多颗各种类型的 GPS 导航卫星被发射升空。1994 年 3 月 10 日，由 24 颗卫星构成的导航卫星星座部署完毕，标志着 GPS 正式建成。到目前为止，美国共发射了 61 颗 GPS 卫星，包括 GPS-1、GPS-2、GPS-2A、GPS-2R、GPS-2RM 和 GPS-2F 等型号。

自正式投入使用以来，GPS 陆续暴露出一些问题，主要是卫星发射的信号太弱，只有几毫瓦，因此容易受到干扰。一台 1 瓦的干扰机就能有效干扰 60 千米远的质量较好的商用 GPS 接收机，使其不能接收导航卫星信号。为此，美国在不断提高 GPS 卫星的性能。

现在，美国已提出了多项 GPS 抗干扰措施：（1）研制抗干扰的军用接收机，通过改进软件或预先设置抗干扰措施，过滤掉干扰信号；（2）对卫星进行改造，增强信号的强度，增加新的导航信号，开发新的军用密码，保证在现有信号受到敌方干扰而失效时，卫星仍然能够发挥作用；（3）提高自主能力，使导航卫星能短时期摆脱对地面系统的依赖。

▲ GPS-2F 卫星

从 2010 年开始陆续发射的 12 颗 GPS-2F 卫星上，除了具有 GPS-2RM 的功能外，还增加了新的民用频率，信号功率也提高了 10 倍，并采用星间链路和自主导航新技术，使 GPS 卫星可自主运行 60～180 天。GPS-2F 卫星还采用了更先进的星上原子钟，可使 GPS-2F 卫星钟系统的误差达到每天 8 纳秒。

计划发射的 GPS-3 系列卫星将选择全新的设计方案，使信号功率比现有系统提高 100 倍；使用更高性能的原子钟，如氢钟，以增大卫星使用寿命；改变卫星轨道构型和轨道高度，放弃额定 24 颗中地球轨道卫星的星座配置方案，采用 33 颗中地球轨道、高椭圆轨道和地球静止轨道卫星共同构成空间星座。GPS-3 的定位、定时精度有可能分别达到 30 厘米和 1 纳秒。

▲ GPS-3A 卫星

# 俄罗斯的卫星导航系统

## 构成特点

俄罗斯的卫星导航系统称为格洛纳斯系统（GLONASS），英文可解释为 Global Navigation Satellite System，意译是"全球卫星导航系统"，由俄罗斯政府运作。

GLONASS 由卫星、地面测控站和用户设备三部分组成，目前的系统由 21 颗工作星和 3 颗备份星组成，分布于 3 个轨道平面上，每个轨道面有 8 颗卫星，轨道高度 19000 千米，运行周期 11 小时 15 分钟。

该系统于 1976 年开始建设，1991 年成为覆盖

▲ 格洛纳斯系统

全球的卫星导航系统。从 1982 年 12 月 12 日开始，该系统的导航卫星不断得到补充，到 1995 年，在轨卫星数目基本满足要求，但随着俄罗斯经济不断走低，该系统也因失修等原因陷入崩溃的边缘。但从 2001 年到 2010 年 10 月，俄罗斯政府又补齐了该系统需要的 24 颗卫星。到 2011 年 10 月，该系统实现了全球定位导航。

20 世纪 60 至 70 年代，由于当时的西科琳卫星定位系统过于陈旧，无法

及时地提供准确的定位，苏联决定组建新的卫星导航系统。1968—1969 年，苏联国防部、国家科学院和苏联海军联合开发新的导航系统，用于海陆空及太空的军事力量。1970 年，这些部门联合制定了关于 GLONASS 计划的文书。1982 年，该系统首颗卫星发射入轨。但由于航天拨款不足，该系统部分卫星一度老化，最严重时只剩 7 颗卫星运行。

在技术方面，GLONASS 的抗干扰能力比 GPS 要好，但其单点定位精确度不及 GPS 系统。

2011 年 2 月 26 日，俄罗斯发射了一颗 GLONASS-K 卫星。2013 年 7 月 2 日，搭载三颗 GLONASS-M 导航卫星的俄罗斯质子-M 运载火箭在哈萨克斯坦拜科努尔航天发射场点火升空后发生偏转并爆炸解体。

▲ GLONASS-K 卫星

## 与 GPS 比较

在技术方面，GLONASS 与 GPS 相比有以下几点不同之处：

● 卫星发射频率不同。基于这个原因，GLONASS 可以防止整个卫星导航系统同时被敌方干扰，因而，具有更强的抗干扰能力。

● 坐标系不同。GPS 使用世界大地坐标系（WGS-84），而 GLONASS 使用前苏联地心坐标系（PZ-90）。

● 时间标准不同。GPS 系统时与世界协调时相关联，而 GLONASS 则与莫斯科标准时相关联。

此外，GLONASS 的应用普及度还远不及 GPS，这主要是由于俄罗斯长期以来不够重视开发民用市场。

# 欧盟的伽利略系统

## 系统构成和功能

伽利略（Galileo）系统的卫星星座由 27 颗工作卫星和 3 颗在轨备用卫星组成，这 30 颗卫星将均匀分布在 3 个轨道平面上，轨道高度 23616 千米，轨道倾角为 56°。卫星寿命预期在 12 年以上。

由于伽利略卫星数量多，轨道位置高，覆盖面积将是 GPS 的 2 倍，所以其测量精度高，抗干扰性能强，并且能够与 GPS、GLONASS 系统兼容。

伽利略系统将提供以下 4 种导航服务。

● 开放服务：为全球广大用户免费提供定位、导航和定时服务，而且能够达到 GPS 的标准服务水平。

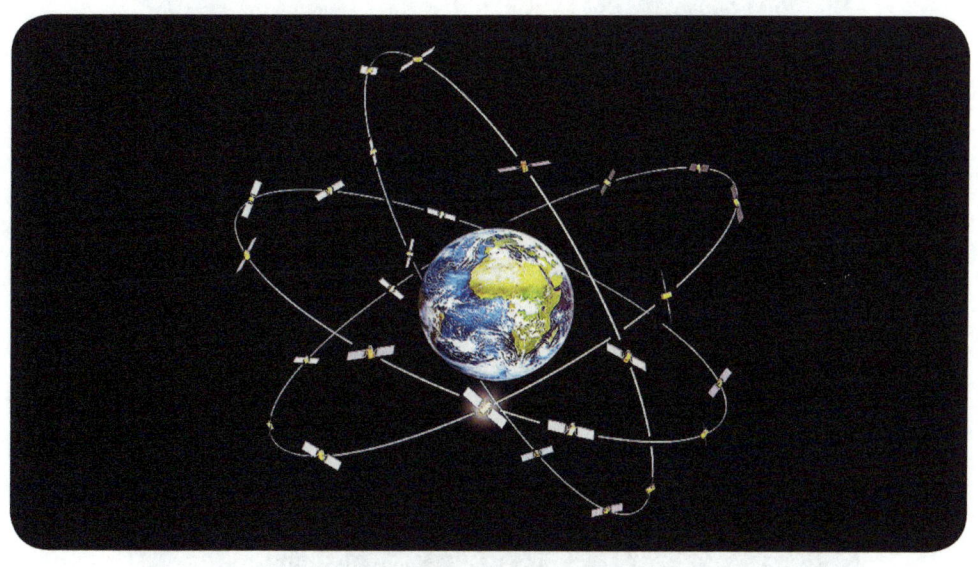

▲ 伽利略卫星导航系统

● 商业服务：以发送加密的相关导航数据的方式，为导航和定时的特需用户提供定位、导航和定时信息。

● 公共管制服务：使用一种特定而被管制的导航定位信号，为欧洲及盟国提供国家安全保障服务。

● 人身安全服务：依据航空、航海和铁路公路运输的安全要求，为这三大领域的广大用户提供完全可靠的人身安全服务保障。

▲ 伽利略系统能提供的服务

▲ 伽利略在轨验证卫星

# 与 GPS 比较

与 GPS 相比，伽利略系统具有自己的优势。

首先，它是世界上第一个基于民用的全球卫星导航定位系统，投入运行后，全球的用户将使用多制式的接收机，获得更多的导航定位卫星的信号，这就在无形中极大地提高了导航定位的精度，这是伽利略计划给用户带来的直接好处。

其次，伽利略计划是欧盟自主、独立的全球多模式卫星定位导航系统，可提供高精度、高可靠性的定位服务，实现完全非军方控制、管理，可以实现覆盖全球的导航和定位功能。伽利略系统还能够和 GPS、GLONASS 实现多系统内的相互合作，任何用户将来都可以用 1 个多系统接收机采集各个系统的数据或者各系统数据的组合来实现定位导航的要求。

再次，伽利略系统可以发送实时的高精度定位信息，这是现有的卫星导航系统所没有的，同时它还能够保证在许多特殊情况下提供服务，如果通信失败，也能在几秒内通知客户。与美国的 GPS 相比，伽利略系统更先进，也更可靠。例如，GPS 向别国提供的卫星信号只能发现地面大约 10 米长的物体，而伽利略系统的卫星则能发现 1 米长的目标。

# 第4章 北斗卫星导航系统

我国的北斗卫星导航系统是"导航俱乐部"的"最新会员",同时也是发展最迅猛的"会员",如今,北斗系统已经成为一张崭新的"中国名片"。

北斗系统是如何产生的,又经历了哪些曲折的发展历程,它对我们的生活将产生哪些影响?本章,我们将向大家全面介绍北斗系统的风采。

北斗卫星导航系统

# 建设中国卫星导航系统的思路

## 先区域，后全球

20世纪70年代以来，全世界接连发生了多次局部战争，这些战争本身所反映出的特征以及战争后果，给我们以深刻的启示。作为最大的发展中国家，要想使自己持续稳定地发展，不受超级大国的欺负，无论是从军事还是从发展经济的角度考虑，一定要有自己的全球卫星导航系统。

中国的卫星导航系统究竟怎样建设，是一个值得认真思考的问题。美国的卫星导航系统经历了很长的发展历程，单从GPS系统来说，从20世纪70年代开始建设，一直到1994年才完全建成，持续时间近20年。我们不可能走GPS的发展路线，这个时间我们花不起，一定要走适合中国国情的道路。我国的一些科学家经过论证，提出了"先区域，后全球"的总体思路：首先，建设北斗卫星导航试验系统（以下简称北斗试验系统），这是一个区域导航系统；其次，建设北斗全球卫星导航系统，在这个过程中也遵循这样的原则，先建设覆盖亚太地区的区域系统，再逐渐发展到全球。这样的战略有两个优点：一是边建设边使用，使系统尽快发挥作用；二是为后续发展积累技术经验，使整个系统的建设达到很高的水平。

## 北斗卫星导航试验系统

20世纪70年代末，我国开始积极探索适合我国国情的卫星导航系统的技术途径和方案。

1983年，我国著名的航天专家陈芳允院士提出了利用两颗地球同步轨道通信卫星实现区域快速导航定位的方案设想。1989 年，我国利用通信卫星进行了演示验证试验，证明了北斗试验系统技术体制的正确性和可行性。1994 年，我国启动了北斗卫星试验系统建设。2000 年 10 月 31 日、12 月 21 日，我国先后发射两颗北斗导航试验卫星，分别定点于东经 140° 和东经 80°，建成了北斗卫星试验系统，标志着我国成为世界上第三个拥有自主卫星导航系统的国家。2003 年 5 月 25 日，我国发射了第三颗北斗导航试验卫星，定点于东经 110.5°，进一步增强了北斗卫星的导航性能。第三颗星为在轨备份卫星。

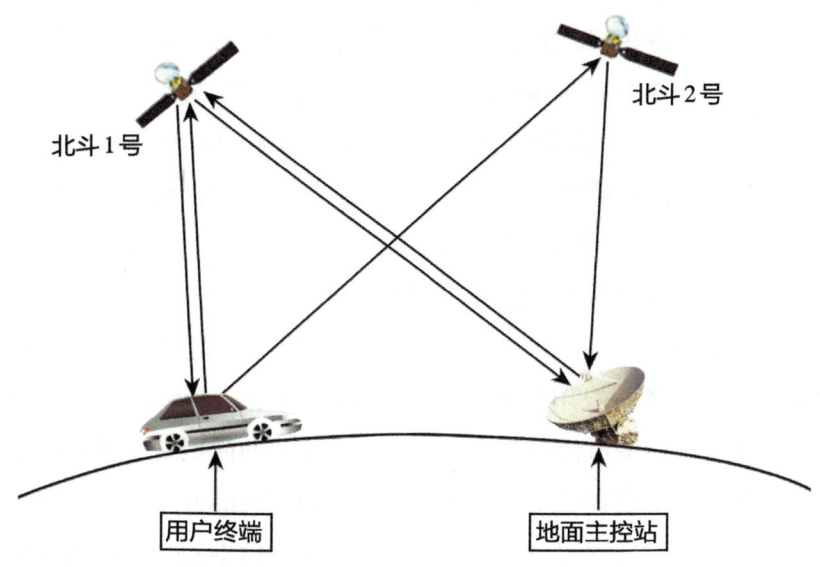

▲ 北斗卫星导航试验系统构成

北斗试验系统由空间卫星、地面主控站（控制中心）与标校站、用户终端设备三大部分组成，它具有快速二维定位、双向简短报文通信和精密授时三大基本功能。该系统基于"二球交会"原理进行定位，即以 2 颗卫星的已知位置坐标为圆心，各以测定的本星至用户机的距离为半径，形成 2 个球面，用户机必然位于这 2 个球面交线的圆弧上。地面控制中心存储的电子高程地图库提供 1 个以地心为球心，以球心至用户机的距离为半径的球面。求解圆弧线与该球面的交点，并根据用户在赤道平面北侧的实际情况，即可获得用户的二维位置坐标。

北斗试验系统主要有以下几方面的应用特点。

● 系统覆盖我国全部国土及周边区域。

北斗试验系统是覆盖我国本土及周边地区的区域性卫星导航定位系统，覆盖范围为东经70°～145°，北纬5°～55°，可以无缝覆盖我国全部国土和周边海域，在我国全境范围内具有良好的导航定位可用性。

● 系统定位、授时精度能满足导航定位需要。

北斗试验系统的二维水平定位精度为20米（不设标校站区域该精度为100米），双向授时精度20纳秒（单向授时精度100纳秒），与GPS系统的民用精度基本相当，能满足用户导航定位和授时要求。北斗试验系统的注册用户分为3个服务等级，对应的定位响应时延分别为：一类用户5秒，二类用户2秒，三类用户1秒。北斗试验系统具有单向和双向两种授时功能，根据不同的精度要求，定时传送最新授时信息给用户终端，供用户完成与北斗试验系统之间时间差的修正。

● 系统双向报文通信功能应用优势明显。

北斗试验系统具有用户与用户、用户与地面控制中心之间的双向报文通信能力。系统一般用户1次可传输36个汉字，经核准的用户利用连续传送方式1次最多可传送120个汉字。这种双向简短报文通信服务，可有效地满足通信信息量较小，但即时性要求却很高的各类型用户应用系统的要求。这很适合集团用户大范围监控管理和通信不发达地区数据采集传输使用。对于既需要定位信息又需要把定位信息传递出去的用户，北斗试验系统将是非常有用的。需特别指出的是，北斗试验系统具备的这种双向简短报文通信功能，目前已广泛应用的国外卫星导航定位系统（如GPS、GLONASS）并不具备。

● 系统的有源定位体制使用户定位的隐蔽性、实时性较差，用户容量受限。

北斗试验系统是有源定位，即用户需要发射信号，这种工作方式使用户定位的同时失去了无线电隐蔽性，这在军事上是不利的。另外，北斗试验系统对地面控制中心的依赖性大，一旦其地面中心控制系统受损，系统就不能继续工作了。用户设备必须包含发射机，因此在体积、重量、功耗和价格方面远比 GPS 接收机逊色。

北斗试验系统从用户发出定位申请，到收到定位结果，整个定位响应时间最快为 1 秒，即用户终端机最快可在 1 秒后完成定位。这 1 秒的定位时延对飞机、导弹等高速运动的用户来说是比较长的，所以，北斗试验系统适合为车辆、船舶等慢速运动的用户提供服务。北斗试验系统导航定位实时性较差，面对高动态载体（如飞机、导弹等），它的缺陷是显而易见的。

北斗试验系统的上述应用特点，决定了该系统适合在我国境内，在测绘、电信、水利、交通运输、勘探等使用要求相对较低的民用领域进行导航定位、报文通信和授时服务等应用。

由于北斗试验系统采用有源定位体制，使系统在用户容量、定位精度、隐蔽性和定位频度等方面均受到一定限制，而且系统无测速功能，不能满足远程精确打击武器的高精度制导要求。但是与其他卫星导航系统相比，该系统的投资要少得多，而且它还具有其他系统所不具备的位置报告和通信功能。因此，可以说北斗试验系统是一个性价比较高的、具有中国特色的卫星导航系统。

北斗卫星导航系统

# 北斗卫星导航系统构成特点

## 人造卫星的轨道

前文介绍 GPS 卫星的时候，已经简单介绍了人造卫星的轨道，这里我们做一个比较详细的介绍，方便大家理解导航卫星在太空中的分布和运行情况。

人造卫星依靠地球的引力运行，当卫星具有了一定的速度时，便可以绕着地球做圆周运动，而不会从天上"掉下来"。

根据卫星运行的高度，卫星轨道分为以下 3 类。

● 低轨道（Low Earth Orbit，LEO）：卫星飞行高度小于 2000 千米；

● 中高轨道（Medium Earth Orbit，MEO）：卫星飞行高度在 2000～35786 千米之间；

● 高轨道（High Earth Orbit，HEO）：卫星飞行高度大于等于 35786 千米。

卫星轨道平面与地球赤道平面的夹角称为轨道倾角，它是确定卫星轨道空间位置的一个重要参数。

考虑轨道倾角因素，除以上 3 种卫星轨道外，还有两种特殊的轨道：

当轨道高度为 35786 千米时，卫星的运行周期和地球的自转周期相同，这种轨道称为地球同步轨道。

如果地球同步轨道的倾角为 0°，则卫星正好在地球赤道上空，以与地球自转相同的角速度绕地球飞行，从地面上看，好像是静止的，这种卫星轨道称为地球静止轨道（Geostationary Orbit，GEO），它是地球同步轨道的特例。

地球静止轨道只有一条。

如果地球同步轨道的倾角不为 0°，则称为倾斜地球同步轨道（Inclined Geosynchronous Orbit，IGSO）。

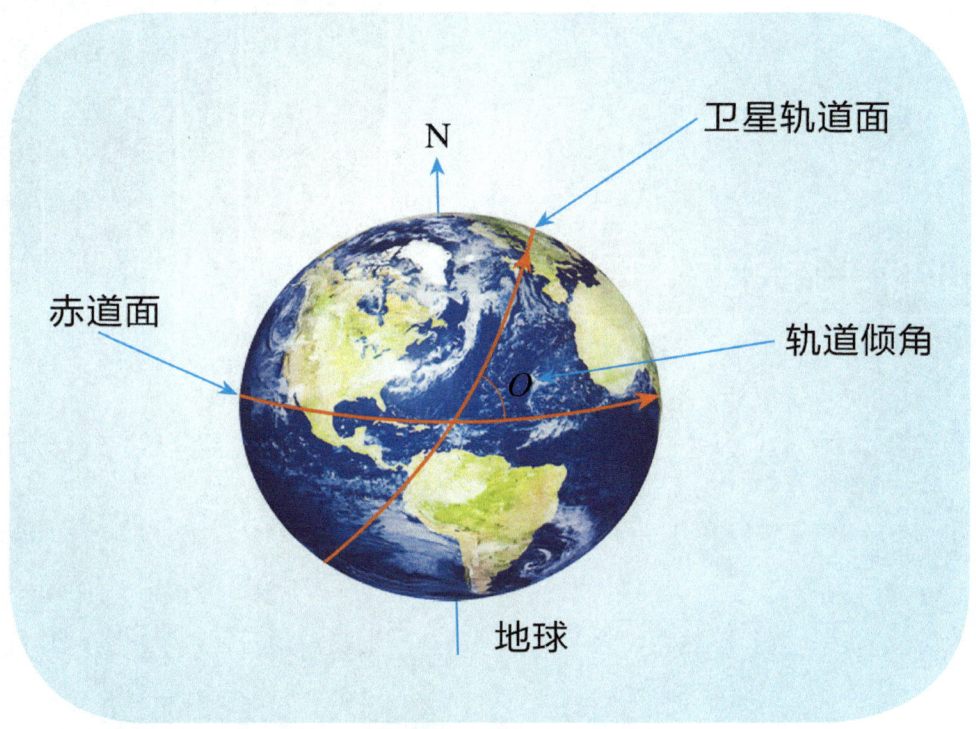

▲ 地球卫星轨道示意图

20200千米 GPS卫星轨道

35786千米 地球同步轨道

中高轨道（MEO）

高地球轨道（HEO）

月球：38万千米

# 整体构成特点

考虑到北斗卫星导航试验系统的不足,我国第二代无源全球卫星导航系统,即北斗卫星导航系统(以下简称北斗系统)应运而生。

北斗系统由空间星座、地面控制和用户终端三大部分组成。

空间星座部分由 5 颗地球静止轨道(GEO)卫星和 30 颗非地球静止轨道卫星组成。GEO 卫星分别定点于东经 58.75°、80°、110.5°、140° 和 160°。非地球静止轨道卫星由 27 颗中圆地球轨道(MEO)卫星和 3 颗倾斜地球同步轨道(IGSO)卫星组成。其中,MEO 卫星轨道高度 21500 千米,轨道倾角 55°,均匀分布在 3 个轨道面上;IGSO 卫星轨道高度 35786 千米,均匀分布在 3 个倾斜地球同步轨道面上,轨道倾角 55°,3 颗 IGSO 卫星星下点轨迹重

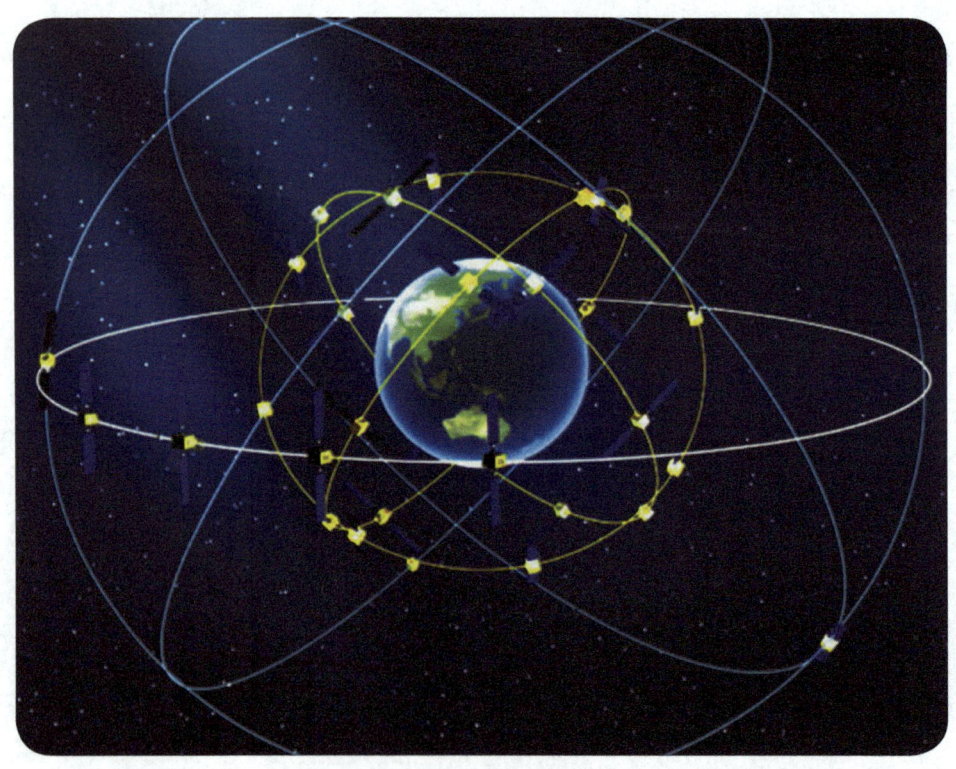

▲ 北斗系统空间星座的构成

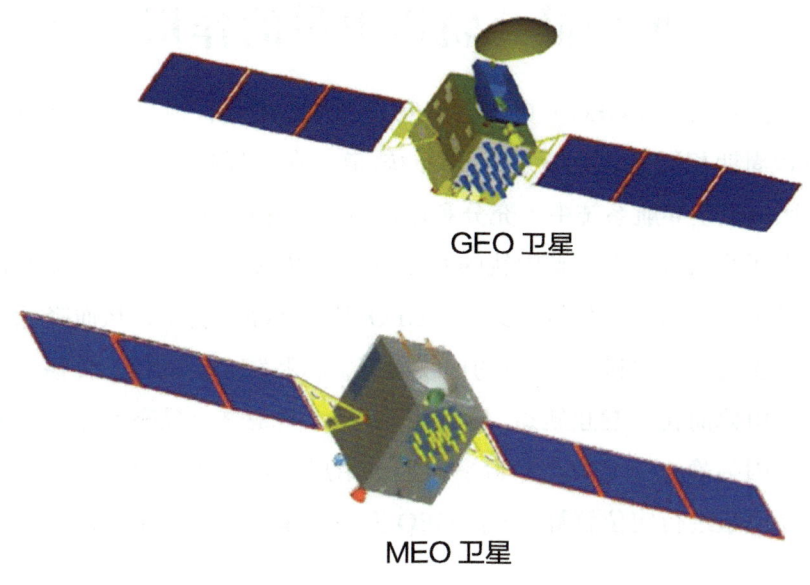

▲ 不同轨道上的北斗卫星

合,交叉点经度为东经118°,相位差120°。

地面控制部分由若干主控站、注入站和监测站组成。主控站收集各个监测站的观测数据,进行数据处理,生成卫星导航电文、广域差分信息和完好性信息,完成任务规划与调度,实现系统运行控制与管理等;注入站在主控站的统一调度下,完成卫星导航电文、广域差分信息和完好性信息注入以及有效载荷的控制管理;监测站对导航卫星进行连续跟踪监测,接收导航信号,发送给主控站,为卫星轨道的确定和时间同步提供观测数据。

用户终端部分是指各类北斗系统用户终端,以及与其他卫星导航系统兼容的终端,它们可以满足不同领域和行业的应用需求。

北斗系统建成后将为全球用户提供卫星定位、测速和授时服务,并为我国及周边地区用户提供定位精度优于1米的广域差分服务和120个汉字/次的短报文通信服务。

# 地球静止轨道卫星的作用

地球静止轨道（GEO）是轨道高度为 35786 千米，卫星的运行周期和地球的自转周期相同，轨道倾角为 0° 的轨道。在这样轨道上的卫星有很多优点，在区域卫星导航系统中可充分利用。由于 GEO 位置很高，每颗卫星可覆盖地球表面的 42%，而每颗中轨的 GPS 卫星只能覆盖 37.9%，所以采用 GEO 卫星可减少星座的卫星数量。此外，GEO 卫星可综合利用，从而降低系统的成本；卫星为用户提供 24 小时的连续覆盖，将系统必需的信息传播给服务区内用户，由此简化非静止轨道卫星的复杂度。但是整个星座不能全部采用静止卫星，因为静止卫星都在赤道平面上，用户必须采用至少一颗赤道平面之外的运动卫星进行定位解算。5 颗 GEO 卫星可基本实现对中国区域的五重增强覆盖。

使用 GEO 卫星也是继承了北斗卫星导航试验系统的技术，既能为用户提供卫星无线电导航服务，又具有位置报告及短报文通信功能。

另外，用 5 颗 GEO 卫星进行精度增强，可以满足我国及其周边地区的航空导航的精度要求。

# 倾斜地球同步轨道卫星的作用

倾斜地球同步轨道（IGSO）卫星高度与地球静止轨道（GEO）卫星的高度相同，就周期而言，与地球自转同步。但它的轨道倾角不为零（北斗为 55°），卫星不会始终停留在赤道上，如果它是圆形轨道，则有半周在北半球，半周在南半球。地球自转时，卫星沿纬度的小圆（在赤道上为大圆）是匀速的，由于它的轨道上升段（倾斜段）相对赤道是倾斜的，在地球坐标系内它将落后于地球自转，表现为一面上升一面后退。但因其周期与地球自转一致，故在其轨道的（与赤道）平行或接近平行段，必然比地球自转的速度变化大，在地球坐标系内的表现为东进。到第二次轨道面倾斜时再度西退，直到半周。在地球坐标系中这一轨道运动表现为一个"8"字形。

IGSO 轨道卫星克服了 GEO 卫星在高纬度地区仰角过低的问题，可以对高

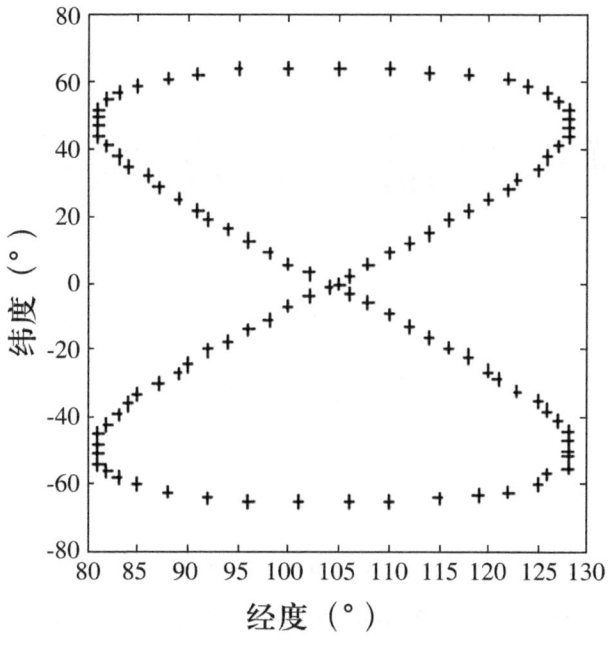

▲ IGSO 卫星星下点轨迹

纬度地区进行有效的信号增强。3 颗 IGSO 卫星轨道最北到北纬 55°，可在我国领土范围内进行有效的精度增强，同时也可克服高纬度地区始终是低仰角的问题。

考虑到 IGSO 卫星与 GEO 卫星配合组成星座及我国地处北半球和疆域范围大的情形，若使我国领土上任何地点在任意时刻都能观测到至少 1 颗 IGSO 卫星计，只发射 1 颗 IGSO 卫星显然不能达到这个要求，它运行到赤道上空及运行到南半球偏南的位置时，无法在我国实现三维定位。

# 北斗卫星导航系统功能特点

## 服务类型

### 1. 北斗系统提供开放服务和授权服务

北斗系统的开放服务面向全球范围，定位精度 10 米、授时精度 20 纳秒、测速精度 0.2 米/秒；授权服务包括全球范围更高性能的导航定位服务。北斗系统还提供亚太地区的广域差分服务和短报文通信服务，其中广域差分服务精度 1 米，短报文通信服务能力为每次 120 个汉字。

在中国及周边地区，北斗系统基本服务性能如下：服务区为南纬 55°～北纬 55°、东经 55°～东经 180°。

### 2. 导航信号

北斗系统在 B1、B2 和 B3 三个频段上发射三路开放服务导航信号、三路授权服务导航信号。

### 3. 时间系统

北斗系统的系统时间称北斗时（BDT）。北斗时属原子时，起算历元时间是 2006 年 1 月 1 日 0 时 0 分 0 秒（UTC，协调世界时）。BDT 溯源到中国协调世界时 UTC（NTSC，国家授时中心），与 UTC 的时差控制准确度小于 100 纳秒。

# 北斗系统与 GPS 对比

- 北斗系统的混合轨道适合一箭多星发射，并便于轨道及卫星的维护和管理，而 GPS-2 不具备；北斗卫星在地球上任何地方、任何时间的可见数量和可见时间以及所测卫星的空间几何分布均优于 GPS-2。
- 北斗系统与 GPS-2 均采用 3 频信号体制，工作频率较为接近，测距码都有粗码（民用码）和精码（军用码）之分，二者的信号功率和抗干扰能力相当，但北斗系统信号的设计体制要优于 GPS-2。
- 北斗系统与 GPS-2 的卫星上都装有激光反射镜和铷原子钟，精密定轨精度相当。
- 北斗系统的定位精度优于 10 米，实际上在有效降低卫星星历误差和卫星钟差的前提下，利用双频电离层改正模型对大气延迟进行实时精确的改正后，北斗系统用户的单点定位精度有望能提高到 5 米，甚至更高，从而超过 GPS-2 宣称的定位精度为 5～10 米的水平。
- 北斗系统在 5 颗地球静止轨道（GEO）卫星上采用卫星无线电导航和卫星无线电测定的双重体制，不仅能与其他轨道卫星一起提供无源定位服务，还能由这 5 颗 GEO 卫星向区域用户提供有源定位、位置报告和短报文通信服务（这 5 颗 GEO 卫星还兼有太空基站的作用，能向我国及周边地区用户提供精度优于 1 米的广域差分服务），而 GPS 采用单一的卫星无线电导航体制，所以只能为全球用户提供导航、定位、测速和授时服务。
- 北斗系统与 GPS-2 具有很强的兼容共用能力。

# 北斗的现状与未来

北斗二号性能稳中有升。系统连续稳定运行，定位精度由 10m 提升至 6m。增加 4 颗备份卫星，2 颗已发射入轨。建设北斗地基增强系统，形成全国"一张网"，可提供实时厘米级高精度服务。建成全球连续监测评估系统，具备对北斗、GPS、格洛纳斯、伽利略四大系统监测评估能力。

北斗三号进入全球组网新时代。继承北斗特色，对标世界一流，增加星间链路、全球搜索救援等新功能，播发性能更优的导航信号。发射5颗试验卫星，定位精度2.5~5m，较北斗二号提升1~2倍。目前，已成功发射8颗全球组网卫星，建成最简系统。2018年还将发射10颗左右北斗三号MEO卫星和1颗GEO卫星；2019—2020年，发射6颗北斗三号MEO卫星、3颗北斗三号IGSO卫星和2颗北斗三号GEO卫星，到2020年具备全球服务能力。

地基增强系统。已完成基本系统研制建设，进入试运行阶段，具备为用户提供广域实时米级、分米级、厘米级和后处理毫米级定位精度的能力。天基增强系统。北斗星基增强系统按照国际民航标准开展建设。

在应用产业化方面。已形成完整产业链，北斗在国家安全和重点领域标配化使用，在大众消费领域规模化应用，正在催生"北斗+"融合应用新模式。

北斗基础产品实现历史性跨越。国产北斗芯片实现规模化应用，工艺由0.35微米提升到28纳米，最低单片价格仅6元人民币，总体性能达到甚至优于国际同类产品。目前，国产北斗芯片累计销量突破6500万片，高精度OEM板和接收机天线已分别占国内市场份额30%和90%。

行业区域应用显现规模化效益。北斗已在公安、交通、渔业、电力、林业、减灾等行业得到广泛使用，正服务于智慧城市建设和社会治理。500万辆营运车辆上线，建成全球最大的GNSS车联网平台，相比2012年，2017年道路运输重大事故率和人员伤亡率均下降50%以上。公安出警时间缩短近20%，突发重大灾情上报时间缩短至1小时内，应急救援响应效率提升2倍。全国4万余艘渔船安装北斗，累计救助渔民超过1万人，已成为渔民的海上保护神。基于北斗的高精度服务，已用于精细农业、危房监测、无人驾驶等领域。

大众应用触手可及。北斗由"高大上"转为"接地气"，日益走近百姓生活。世界主流手机芯片大都支持北斗，国内销售的智能手机中，北斗正成为标配。共享单车配装北斗实现精细管理。支持北斗的手表、手环、学生卡，更加方便和保护人们日常生活。以北京为例，33500辆出租车、21000辆公交车安装北斗，实现北斗定位全覆盖；1500辆物流货车及19000名配送员，使用北斗终端和手环接入物流云平台，实现实时调度。

北斗融合互联网催生新业态。至今共发布 6 版信号接口控制文件和 1 版服务性能规范。国内从业企业超过 1 万 4 千家，从业人员超过 45 万。国内卫星导航产业年产值年均增长率超过 15%，2017 年超过 2500 亿元，北斗贡献率达 80%。2016 年发布《中国北斗卫星导航系统》白皮书，启动《中华人民共和国卫星导航条例》编制。成立国家北斗卫星导航标准化技术委员会。北斗与互联网、云计算、大数据融合，建成高精度时空信息云服务平台，推出全球首个支持北斗的加速辅助定位系统，服务覆盖 200 余个国家和地区，用户突破 1 亿，日服务达 2 亿次。

在国际合作与交流方面。北斗已走出国门，正加速融入世界。

全面开展大国合作。成立中俄卫星导航合作项委会、中美卫星导航合作工作组。开通中俄卫星导航联合监测平台，与美、俄分别签署系统兼容与互操作联合声明，为多系统实现共赢，全球用户享受更加高效可靠服务做出中国贡献。

广泛参与多边合作。积极参与联合国全球卫星导航系统国际委员会，2012 年主办第七届大会，2018 年将主办第十三届大会。北斗已加入国际民航、国际海事、3GPP 移动通信三大国际组织，还将为全球提供免费搜索救援服务。

积极推动服务世界。与南亚、中亚、东盟、阿盟、非洲等国家和组织建立合作机制，举办"北斗亚太行""北斗东盟行"、中阿北斗合作论坛、中沙卫星导航研讨会等系列活动，落成中阿北斗 /GNSS 中心，加强技术交流和人才培养，服务"一带一路"国家和地区。

下一步，2018 年年底，建成北斗三号基本系统，为"一带一路"沿线国家提供服务；2020 年，建成世界一流的北斗三号系统，提供全球服务；2035 年，建成以北斗为核心的综合定位导航授时体系。北斗将以崭新姿态、更强能力、更好服务，造福人类，服务全球。

# 第 5 章
## 导航系统的心脏

原子钟是一种精确测量时间的时钟，它以原子共振频率标准来计算及保持时间的准确。原子钟是世界上已知最准确的时间测量和频率标准，也是国际时间和频率转换的基准，用来控制电视广播和全球导航定位系统卫星的信号。

北斗卫星导航系统

# 中国原子钟发展的历史

## 第一代原子钟

原子由原子核和电子组成，电子绕原子核高速旋转，有不同的旋转轨道。电子在不同的旋转轨道上具有不同的能量，这些能量是不连续的，称为能级。电子在不同的能级之间可以跃迁，当电子从一个高"能量态"跃迁至低"能量态"时，它便会释放电磁波。这种电磁波的频率就是人们所说的共振频率。同一种原子的同一种跃迁的共振频率是一定的，例如铯133的一个共振频率为9192631770赫兹。由于共振频率非常稳定，利用它制作的计时仪器就可以非常准确了。原子钟的出现是人类计时史上的一次革命，它使时间计量标准由传统的天文学的宏观领域过渡到一个崭新的微观领域。自此，人类的时间测量和授时工作进入了一个崭新的历史阶段。

现在用在原子钟里的元素有氢、铯和铷等，它们制成的原子钟分别以这些元素的名字命名，如铯原子钟等。针对不同的用途，用不同的元素开发出不同的原子钟。现在最小的原子钟只相当于一粒大米的大小，而最大的原子钟长度超过5米；最便宜的原子钟约1万元人民币，最贵的原子钟价值超过一百万元人民币。这些原子钟在各行各业都发挥着巨大的作用。

1967年，第13届国际计量大会上通过了以无干扰的铯133原子基态的两个超精细能级之间的跃迁辐射的9192631770个周期的持续时间为1秒的定义，这就是原子秒。

我国从20世纪50年代末开始研究原子频标，1960年后，中国科学院上海天文台和北京电子所先后开始研制氨分子钟光抽运钠汽室频标。1963年秋，在王义遒教授的主持下，北京大学与电子工业部第十七所合作，开始研制光抽运铯汽室频标，并于1965年完成三台样机。经两两比对，稳定度为

$5\times10^{-11}$。这是我国第一台原子钟，为我国国防、航天、通信、计量等事业做出了重要贡献。

王义遒教授还主持研制了我国第一批批量生产的"光抽运铷原子钟"，这项高科技成果在我国若干国防科研试验中发挥了重要作用，于1978年被全国科学大会授予重大成果奖。王义遒教授因首创激光抽运铯束频标的长期稳定性能而获得1993年中国物理学会饶毓泰物理奖。

# 20世纪70年代发展情况

1972年，在电子工业部的要求下，北京大学汉中分校恢复了量子频标研究。1973年初，在电子工业部组织下，北京大学（负责总体和物力部分）与电子工业部北京大华无线电仪器厂和国营707厂共同研制批量生产铷汽室频标。同年，北京大学恢复了波谱学及量子学专业，由于当时频标人才的急需，该专业被命名为"频标专业"。

1973年，中国科学院上海光学精密机械研究所在国荣灯具厂的协作下研制成功了国内第一台桌上仪器型光抽运铷汽室频标，这是我国首次将国产原子钟付诸实用。与此同时，成都星华仪器厂与北京大学合作，也小批量生产铷原子钟。这期间，电子工业部第十七所与第十二所合作的铯束频标样机也取得成功。上海天文台和上海计量局各自研制的氢激射器样机也相继成功。中国科学院武汉物理研究所（即中国科学院武汉物理与数学研究所前身）也成功研制了氢激射器，并小批量生产。

在此基础上，由中国科学院牵头，于1976年在北京召开的全国原子钟会议，对全国原子钟的研制生产做出了全面部署，落实了各工程急需的频标研制生产任务。当时确定的研制任务和生产单位是：（1）铯束频标。研制单位为电子工业部第十二所和第十七所、北京大学、国营4404厂和国营768厂（隶属于电子工业部）。（2）铷汽室频标。生产单位为国营768厂与北京大学汉中分校，上海国荣灯具厂与中国科学院上海光学精密机械研究所，国营867厂，电子工业部第二十七所。（3）氢激射器。由国营4404厂与中国科学院武汉物理研究所合作生产。

# 20世纪80年代至今的原子钟发展情况

1978年以后，国外频标大量进口使中国许多频标研制任务终止。量子频标研究与开发处于十分困难的境地。在艰苦条件下，坚持上述工作的只有以下单位：

● 上海天文台。坚持氢激射频标的研究开发，得到准确度为 $5\times10^{-13}$ 的较好性能，并进行了小批量商品生产，还有一台出口。

● 北京大学。有四组工作，包括铷频标、激光抽运铯束频标、冷原子频标和光频标。北京大学从20世纪80年代初开始研制新的激光抽运铯束频标，研制出实验室样机，提出了斜光检测方法，在国际上首次实现了这类频标的长期连续运转，并首次获得长期稳定的数据。北京大学还研制成功智能化的激光频率自动锁定系统。在冷原子频标的研究方面，北京大学首次得到铯原子磁光阱，捕获了冷原子，并用光学黏团冷却到了 $3\mu K$，用运动光学黏团法使原子团上喷了1.8厘米。

● 中国计量科学研究院。坚持我国频率基准的保持工作，开展了铯原子喷泉频率基准的研究工作。

● 中国航天科工集团第二研究院203所。自主研制了氢激射器频标，并致力于它的小型化。与北京大学合作，研制了小型铷钟和星载钟。

● 中国科学院武汉物理与数学所。坚持在铷频标和离子存储两个方向开展工作，近年来研制了星载原子钟。

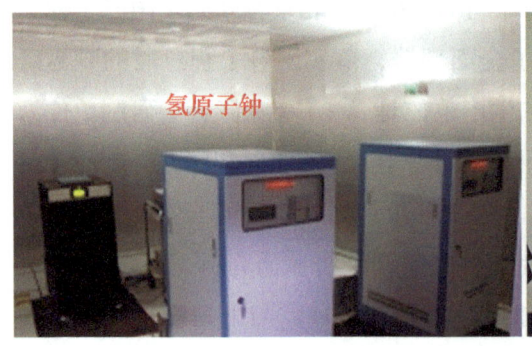

▲ 我国研制的部分原子钟

# 北斗系统的原子钟

## 全部国产化的铷原子钟

由中国航天科工集团公司第二研究院 203 所研制的星载铷原子钟,作为关系到整个卫星系统导航定位精度的核心部件,为北斗精确导航定位提供了重要保障。这些原子钟实现了元器件 100% 国产化,日稳定度已经达到 $10^{-15}$ 量级,属国内领先水平,国际先进水平,已经超越了伽利略卫星系统中所使用的铷原子钟,并能够与 GPS 系统中的铷原子钟相媲美。它为北斗系统提供了可靠的高精度频率基准,保证了卫星的定位精度和测速精度。

▲ 北斗系统的原子钟

## 面向未来的新型原子钟

北京大学信息科学技术学院研究原子钟已有 30 多年的历史,其研制的高精度小型铷原子钟已用于远望号探测船,为我国科学技术的发展做出了贡献。未来精度更高的原子钟的工作物质是超冷原子,预计基于超冷原子的光钟的精度可达 10 万亿年误差为 1 秒，比目前的铯原子钟的精度高 10 万亿倍。高精度冷原子钟也是未来的超快振荡器，它的振荡频率达每秒 100 万亿次，是目前个人计算机速度的 10 万倍！北京大学信息科学技术学院目前已研究成功玻色-爱因斯坦凝聚，这是一种被称作"第五种物质状态"的物质，温度只有 50 纳开（1 纳开 =1×$10^{-9}$ 开），可用于未来的高精密原子钟与量子计算机。

北京大学的量子电子学研究一直处于世界领先地位，相关科研人员主要从事原子钟与量子频标、量子器件与卫星激光通信、冷原子物理、光频标与精密光谱测量、磁共振与生物电子学等研究，北京大学量子电子学研究所在涉及航天、通信和国防关键技术的原子钟领域连续取得突破性进展：

● 研制成功我国（也是世界上）第一个长期连续运转的光抽运铯原子钟和铷原子钟，它们已被选做我国第二代卫星导航系统的核心部分。

● 是国内唯一能够稳定地实现玻色-爱因斯坦凝聚的单位，这项技术可用于未来的高精密原子钟与量子计算机。

● 实现了多种原子激光（包括脉冲原子激光、连续原子激光、准连续原子激光、磁场加速原子激光等）。国际上共有 43 个实验室获得了玻色-爱因斯坦凝聚，其中只有 8 个实验室获得了脉冲原子激光，北京大学冷原子物理与量子精密测量实验室就是其中之一。

● 是国际上仅有的两个获得了连续原子激光的单位之一（另一个是德国马克斯·普朗克量子光学研究所）。

这一系列研究进展，在航天器、远距离通信以及精确制导方面有着广阔的应用前景。

# 奇妙的温度

我们把表示物体冷热程度的物理量称为温度,在微观上,温度表明了物体分子热运动的剧烈程度。我们一般用℃(摄氏度)来表达温度,如水结冰时的温度为0℃,水沸腾时的温度为100℃。温度的国际单位为热力学温标(开,K),摄氏温标(℃)是使用较多的温标,二者的关系为开尔文温度=摄氏温度+273.15。例如,用摄氏温标表示的水的温度为0.01℃,那么用开尔文温标表示则为273.16开。

在不同的温度世界里,有不同的奇观。例如世界上最不怕冷的花,是生长在我国的雪莲,即使−50℃,也能盛开。

温度再降低,会有一个下限值,称为绝对零度,它是开尔文温度的零点,等于−273.15℃。

绝对零度是不可能达到的最低温度,自然界的温度只能无限接近于它,所以我们正文中讲到的50纳开已经是非常低的温度了,这样的温度只有通过非常先进的技术才能得到。

▲ 温度计显示,此时室外温度为−17℃。

# 国外的原子钟

## GPS 系统的原子钟

GPS 系统时间基准由地面主控站、监测站的高精度原子钟，以及 20 多颗卫星的星载原子钟共同建立和维持，其时间尺度由各原子钟加权平均得到，其中监测站原子钟的权重较大，而星载原子钟的权重只有百分之几。GPS 时间系统溯源于美国海军天文台的协调世界时 UTC（USNO），并与其保持同步。GPS 时间系统的频率稳定度优于 $1.7 \times 10^{-14}$/天，与 UTC（USNO）的时间偏差小于 28 纳秒。GPS 系统主钟与 UTC（USNO）的时间偏差不能超过 1 微秒，一旦大于该指标，就要对主钟进行调整。美国海军天文台对 GPS 的时间发播进行监测，以便为该系统提供一个稳定可行的时间参考基准。为了使星钟与 GPS 主钟之间保持精密同步，主控站采用一种自校准的闭环系统，使 GPS 的星地时间同步和校准同时采用单程测距法与轨道测定两种方法实现。

1978 年 2 月 22 日，首颗 GPS-1 卫星发射，之后，9 颗 GPS-1 卫星成功发射。前 3 颗卫星上都装载了 3 台铷原子钟，可靠性很低，其余的 7 颗 GPS-1 卫星各装载 1 台铯原子钟和 3 台铷原子钟，但总体性能仍然不高。为了提高性能，美国曾对铷原子钟设计进行多项改进，如为铷原子钟温度基板提供温控装置。

美国从 1989 年 2 月开始陆续发射了 GPS-2 和 GPS-2A 卫星，直到 1997 年 11 月发射最后一颗，共发射了 28 颗，每颗卫星上装载 2 台铯原子钟和 2 台铷原子钟。

1997 年 1 月，美国发射了第一颗 GPS-2R 卫星，GPS-2R 卫星采取了 3 台铷原子钟的配置，其中 1 台作为时间标准，其余为备用。铷原子钟的频率

稳定率已经处于 $1\times10^{-14}$ ～$3\times10^{-14}$/天的水平。

2010 年 5 月 28 日，美国发射了第一颗 GPS-2F 卫星，其设计寿命 15 年，计划发射 12 颗。每颗 GPS-2F 卫星上装载 2 台铷原子钟和 1 台铯原子钟。铷原子钟频率稳定度优于 GPS-2R 上的铷原子钟 3 倍。

新一代 GPS-3 卫星的高技术原子频率标准项目意在开发适用于未来 GPS 卫星的原子钟。该项目内容包括开发铷充气囊、相干布居囚禁（CPT）原子钟及光抽运铯钟。

CPT 原子钟是一种新型的小型化原子钟，比目前普遍使用的小型化铷原子钟体积更小，功耗更低。将目前商品原子钟的最小铷原子钟和小型 CPT 钟相比较，它们的稳定度指标接近，但铷原子钟的体积和功耗都要大 1~2 倍。

## 伽利略系统的原子钟

伽利略卫星导航系统的钟组包括：在 30 颗卫星中，每颗卫星将载有 4 台原子钟，即 2 台铷原子钟（处于热工作状态）和 2 台被动型氢原子钟（冷备份）作为基本配置。卫星上原子钟运行状况由定轨和同步站进行监测，在 12 个地面站中，有 12 台铯原子钟和 2 台地面主动型大型氢原子钟用于主控站，每个注入站和每个同步站设 2 台地面铷原子钟和 2 台地面被动型氢原子钟。铷原子钟设计指标满足 100 秒稳定度小于 $5\times10^{-13}$；一天内时间稳定性要优于 10 纳秒，频率漂移小于 $1\times10^{-13}$/天；而被动型氢原子钟的设计指标是：一天内时间稳定性要优于 1 纳秒，频率漂移小于 $1\times10^{-14}$/天。按照欧洲空间局（ESA）的原子钟设计指标要求，要想达到 0.5 米的测距精度，铷原子钟需要每 9 小时更新一次星历，被动型氢原子钟需要每天更新一次星历。按精度要求，当上传时间间隔大于或等于 4 小时时，星钟预报误差要小于或等于 1.5 纳秒。

# 第 6 章
# 服务民用,"北斗"义不容辞

北斗系统服务民用,将极大提高我们的生活品质。过去"投石问路""按图索骥",现在有了北斗系统,便可以直接利用卫星信号来定位和导航。北斗系统提供的精密授时、导航信号、短报文通信三大功能,在国民生活的各个领域都得到了极大的应用,让普通大众得到了实惠。

## 北斗卫星导航系统

2012年12月27日,我国的北斗系统正式提供区域服务,从此结束了我国长期单一依赖国外导航系统的历史,确立了我国在卫星导航领域的国际地位。

长期以来,我国卫星导航应用基本被国外技术垄断,交通运输、电力调度、通信网络、金融系统等重要基础设施过分依赖GPS,风险巨大。通过多年的开拓实践,北斗系统已经在国防和经济社会建设中发挥着显著作用,卫星导航受制于人的被动局面得到根本扭转。2007年,联合国有关机构正式确认北斗系统为全球卫星导航四大核心系统之一,"中国北斗"成为一个让世界关注、让中国骄傲的民族品牌。

"只有想不到,没有办不到",这句话可以用在北斗系统应用领域。随着北斗系统的建设运行,卫星导航应用将更加广泛、深入,惠及大众,北斗系统应用将不断开出灿烂的花朵。

▲ 北斗系统典型应用领域图解

# 智能交通

## 铁路智能交通

提起铁路运输,人们对中国的高铁可以说是赞不绝口。中国是目前世界上高速铁路发展最快、系统技术最全、集成能力最强、运营里程最长、运营速度最高、在建规模最大的国家,这充分展示了我国在高铁研发和发展方面的实力。

▲ 英姿待发的和谐号高铁列车

高铁快速发展的同时，人们对其安全性也提出了更高的要求。

随着北斗系统建设步伐的加快，应当说我们已经掌握了避免列车追尾事故发生的方法和技术。

以前，我国铁路主要是通过信号机、列控等信号系统来保障列车运行安全。但是，信号系统不同程度地依赖于地面设备，在强自然灾害等极端情况下均可能遭到严重损坏，导致调度指挥出现盲区，从而引发列车追尾等重大交通事故。要建立不依赖于地面设备的全天候列车定位系统，卫星导航是首选方案。

北斗系统具有高可靠性、高精度的定位、测速、授时服务，应用于列车监控、调度管理、基础设施检测等方面，将极大促进铁路系统的现代化。当然利用北斗卫星超强的定位功能，还可以实现对重要运输物资、重点运输车辆的跟踪，实现对铁路关键工位及作业人员的定位跟踪。

# 公路智能交通

改革开放以来，我国城市化与汽车化发展十分迅猛，但我国大多数地区的交通基础设施不够健全，路网结构不够合理，导致城市拥堵的问题一直没有得到解决，直接影响了城市的发展，人们往往对拥堵的交通望而却步，渴望交通系统能够更智能，更高效。

北斗导航系统的发展，为公路智能交通系统的建立和发展打下了基础。

● 交通信息查询。为监管中心提供监测对象的信息。用户能够在电子地图上根据需要进行查询，查询资料可以文字、语言及图像的形式进行，并在电子地图上显示其位置。同时，监测中心可以利用监测控制台对区域内任意目标的所在位置进行查询，车辆信息将在控制中心的电子地图上显示出来。

● 交通流量监测。为了对交通态势进行多方面分析，可以利用北斗系统采集到的实时路况信息结合其他交通数据，对道路交通状况进行分析，提供某路段的实时流量，也提供由多条路段形成的道路交通状态。

● 车辆跟踪。利用北斗系统和电子地图可以实时显示车辆的实际位置，对包括长途货运车辆、危险品运输车辆等重要监控对象进行跟踪监控。

例如：利用北斗系统可以对运钞车、长途运输车等特殊交通工具进行实时监控。运钞车内安装北斗系统后，如果在路途中遭遇抢劫，押运员可触发报警装置，监控中心的电子地图将会自动显示报警车辆的位置、车速、行驶路线等信息，同时系统自动将信息上传到公安部门的电子地图上，使得警方可以迅速调动警力进行围堵。在每辆长途运输车辆上安装数据存储器，时刻记录车辆的位置数据，定期将数据下载到控制中心，可以查看车辆是否按预定轨迹接送货物，以及车辆途中停歇情况。

● 公交车监控和调度。公共交通管理部门可以采用车辆监管系统对各车

▲ 拥挤的北京

发回的信息进行综合分析，再将调度命令发送给司机，及时调整车辆运行情况，实现有效管理。同时，还可以推广使用电子站牌，电子站牌通过无线数据链路接收即将到站的车辆发出的位置和速度信息，显示车辆运行信息，并预测车辆到站时间，为乘客提供方便。

● 出租车叫车服务。出租车叫车服务系统和监控系统互联互通，当客户用电话或者网络请求服务时，系统快速通过卫星导航定位系统找到离客户最近的空载车并通知该车前往接送客户，经司机同意后马上答复客户载客出租车的车牌号和到达时间，从而实现快速响应。

● 行车安全管理。通过对北斗系统位置信息的显示分析，能对道路上一些不安全的行为进行记录，以便事后及时处理，如超速行驶、在单行线上逆行、不按规定拐弯、不按交通限制行驶等情况。

● 紧急援助。通过北斗系统的定位和监控管理系统，可以对遇到险情或发生事故的车辆进行紧急援助。监控台的电子地图可显示求助信息和报警目标，规划出最优援助方案，并以声、光报警提醒值班人员进行应急处理。

● 交通事故分析。运用系统中保存的北斗系统信息，可将发生的交通事故重现出来，管理人员可根据当时车辆的行驶路线、方向、速度等得出事故发生的原因。这样可以加快事故的确认和处理，使受阻的路段尽快恢复通行，

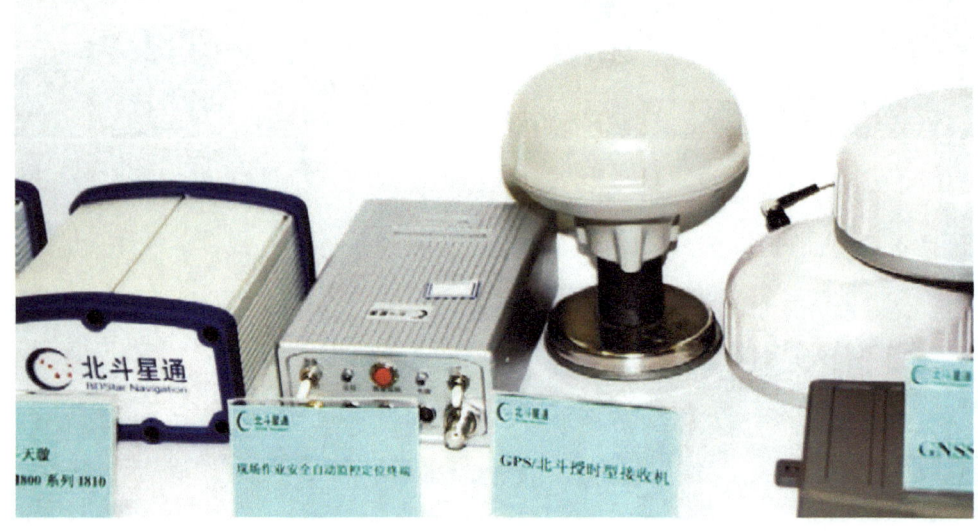

▲ 重点运输车辆使用的北斗终端

第 6 章 服务民用，"北斗"义不容辞

▲ 特种车辆

提高道路交通运营能力。

可以这样说，北斗系统对提高交通安全、降低堵塞和改进效率的作用是极大的，随着智能交通系统的广泛使用，我国的公路交通状况将会得到明显的改观。

## 海运更需"航标灯"

在茫茫的大海上航行，水天一片，辨别方向是一件困难的事情。好在有了卫星导航技术，使在大海中航行的舰船有了"航标灯"。

在北斗系统没有投入使用之前，我国的船舶导航都使用 GPS。但在一些关键时刻，我们却收不到信号——这使船员们深刻体会到，有自己的卫星导航系统是多么重要。

北斗系统能在任何天气条件下，为大洋中航行的船舶提供导航定位和

▲ 在大海中航行的中国海军舰船

安全保障。同时，北斗系统特有的短报文通信功能将支持各种新型服务的开发。

目前，南海是引人瞩目的区域。党的"十八大"提出建设海洋强国战略，其中最重要的是海洋权益的维护。随着我国经济的不断发展，海上航运日益繁忙，南中国海作为我国海上运输的重要通道，是我国粮食和能源水上运输的生命线，95%以上的贸易和近100%的海上原油进出口依赖这条运输通道，因此它具有重要的战略意义，保障南中国海水域船舶正常航行显得十分重要。南中国海同时也是我国渔船进行外海捕捞作业的重要水域，具有特殊的国际地位，其海洋权益的保护显得尤为重要。

北斗系统在南中国海航海保障中将发挥更大的作用：北斗系统高精度定位技术，助航设施的安全管理和船舶遇险后的报警、通信等方面，可全方位保障船舶的安全航行，有效降低甚至避免单独使用GPS存在的安全隐患，特别是在国际形势严峻的情况下，它能有效地保障南中国海航运业正常运行。

此外，通过卫星导航和电子海图，可对进出港舰船实施有效的引领、监督、调度和管理，能极大地提高海港航道的利用率和安全性。

近海石油开发的地震测量船、工程地质调查船、石油钻井平台拖航就位施工都广泛使用北斗系统。

提高浮标安置、清理以及挖泥等操作的精确性及效率也需要北斗系统。

▲ 海上航标灯

# 为民航护航

随着民用航空事业的发展和人民生活水平的提高，乘坐飞机出行已经是老百姓生活中的常事。人们对民航系统的主要期待首先是安全，其次是准点。近年来，中国民航的安全性得到全世界认可，但飞机晚点却成了难题。怎样才能完美地解决这两个问题呢？北斗系统可以帮上这个忙。

GPS 和 GLONASS 的军用系统本质使得中国民航将 GPS 和 GLONASS 作为主要导航系统存在巨大风险。伽利略系统的收费运行服务模式决定了其在中国民航中的推广使用将受到极大限制。此外，伽利略系统由于没有在中国境内设置参考站，其系统的服务在中国境内变得不可靠，势必需要在其他系统辅助下才能用于中国民航。因此，伽利略系统作为中国民航的主要导航系统的选择也前景黯淡。北斗系统将从根本上解决我国对国外导航系统的依赖，对提高我国民用航空运输的安全性与效益具有重大现实意义。

进场着陆是飞机飞行的一个重要阶段，精确的进场着陆是飞行安全的重要保证。据统计，世界航空史上有三分之一以上的飞行事故，都发生在进场着陆阶段。因此，研究精确安全的着陆方法和设备历来是航空界的一个重要研究领域。从 20 世纪 90 年代起，一些学者开始研究将卫星导航系统作为一种主要的导航手段辅助民用飞机的精密进场与着陆，以取代之前价格昂贵的系统，这要求卫星导航系统必须具有足够的定位精度、连续性、可用性和完好性。不过，单纯使用卫星导航系统定位很难满足民用航空导航的需求，因此出现了各种差分增强系统，如目前已经广泛应用的广域增强系统（WAAS）和局域增强系统（LAAS），均是减小误差、提高定位精度的方法。

# 减灾防灾

## 森林防火

森林火灾的发生和发展具有不确定性和偶然性，且有较广的时空分布范围，是森林灾害中危害最大的一种，有可能给森林带来毁灭性破坏，造成的生态损失和经济损失难以估量。扑救过程中，火场的位置以往是靠观察员目测定位，即观察员凭借地形图（1/50万和1/20万）和地标以及地面明显参照物实现火场位置的确定，这种办法误差较大（一般为300～500米）。因此，卫星导航定位技术对于森林火灾应急管理来说也能起到重要作用。目前森林防火部门的防火业务及部门的日常办公应用的导航系统主要是GPS，存在野外信息通信难、业务融合度低、标准规范缺乏等问题，从而导致设备与信息

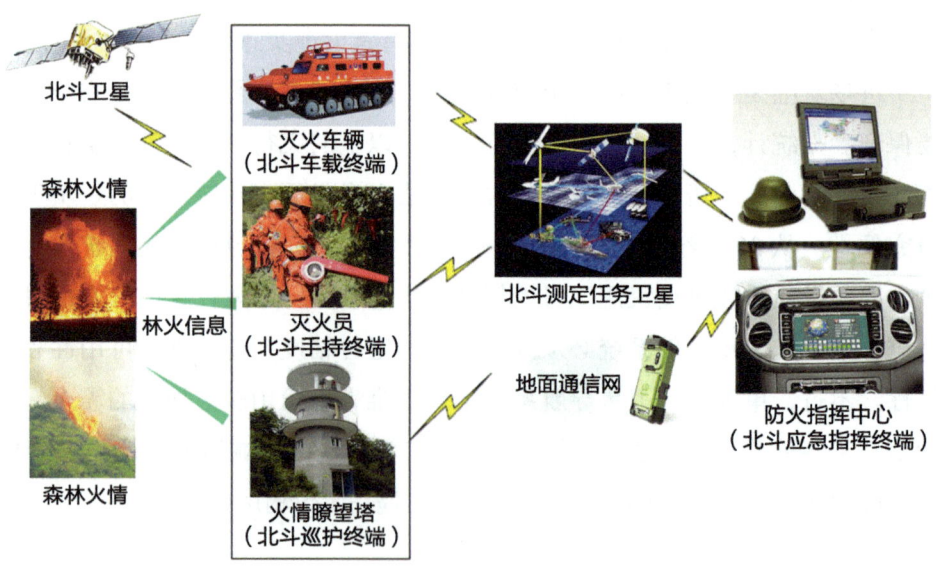

▲ 林火应急扑救指挥卫星导航应用场景

资源难以共享、利用率低，应用难度大、效率低；成为林业 3S 技术（卫星导航、遥感、地理信息系统）综合应用的短板。北斗系统是我国独立自主研制的全球卫星导航系统，不仅能够提供全天候的定位、定时，并具备通信和集群服务功能，为林业森林防火监测和应急指挥提供了更为有效的技术手段。为此，有关部门正在建设基于北斗的森林防火监测和应急指挥系统。

利用北斗定位导航终端拟在解决以下两方面的难题：

● 利用北斗定位导航终端实现准确、及时的林火位置预报预警，突破长期以来由于林区通信盲区大，难以进行准确及时预报预警的限制；

● 利用北斗定位导航终端对森林火灾区域进行准确定界，实现火灾损失的准确评估。

# 在抗震救灾中的应用

卫星导航定位系统在抗震救灾中的作用越来越突出，主要体现在两个方面：一是在监测地震中的作用，二是在地震灾害发生后的作用。

在监测地震方面，国内外很早就开始用美国 GPS 系统监测地球板块的状态，全球有 200 多个 GPS 基准站，计划在板块边界和全球已知构造活动区约 25 个区域加密 GPS 监测网，实现全球地壳运动的自动监测，以此为地震预测提供有用的信息。

2008 年汶川地震后，北斗试验系统就成功地为灾后救援提供了帮助。

我们平时的通信方式，包括电话、短信、互联网等，虽然很方便，但却十分依赖地面通信中转站和光纤，一旦这些设施发生大面积损坏，以上这些联系方式就无法发挥作用了。地震后就是这样的情况，电话打不出去，人们只能在原地等着外面的救援。这时北斗系统充分发挥了它不受地面影响的优势，它的定位功能帮助救援部队很快进入灾区，找到救援地点，短信功能帮助人们传递信息，承担了当时绝大部分的通信任务，让人们及时了解到灾区的情况，在 72 小时黄金救援时间内，最大限度地挽救了人民的生命财产安全。

在这次抗震救灾中，"北斗一号"终端设备投入 1000 余台，系统 100% 安全运行。从 5 月 13 日至 6 月 12 日，"北斗一号"卫星定位导航系统累计为

灾区提供卫星定位服务164万余次，短信服务74万余次，发挥了应有的作用。

### 1. 导航定位功能在抗震救灾中发挥的作用

地震发生后，汶川县城通信全部中断，与外界失去联系。5月13日中午12时，位于北京的"北斗一号"卫星导航定位指控中心监测到一支携带了"北斗一号"终端机的部队，开始沿着马尔康、黑水、理县到汶川的317国道，以每小时6千米左右的速度一路急进。"这是哪支部队？"卫星导航定位指控中心工作人员欣喜之后发出疑问。通过对该部队所持定位终端发向指控中心的信号的特征进行分析，指控中心判断，这是一个民用级终端设备。很快，工作人员拨通了"北斗一号"卫星导航定位服务商之一的北京神州天鸿公司的电话。经过确认，该部队是隶属于四川武警总队的森警总队先遣队。"北斗一号"卫星定位导航系统虽然具备双向通信功能，但出于保密的原因，指控中心只能"看"到信号，不能解读定位终端发射信息的内容。所以当他们看到有北斗终端向灾区运动时，并不知道使用者是哪个部队，最后是通过北京神州天鸿公司的民用运营中心才查到北斗终端的拥有者隶属四川武警森林总队。

### 2. 在抗震救灾初期担负了绝大部分通信任务

由于汶川灾区地处山区、地势复杂，部队配发的普通军用电台无法远距离通信，而便携式卫星通信系统又装备得较少，且一时来不及调运，因此在这次参与抗灾的部队里使用得并不太多。

"北斗一号"定位终端不但能够随时向基地报告自己的位置，而且还具有双向通信的功能。在救援部队的"北斗一号"设备开机后，在指控中心的指挥系统中可以看到所有参与救灾的部队的行进路线，指控中心还随时可以通过"北斗一号"与救灾部队进行通信联系，"北斗一号"的短消息通信功能此时开始发挥重大作用，如民用终端一次向卫星传送98个字节的短信息，可随时报告总部灾区的情况，申请救援物资。例如，救援部队在开进途中，新发现了一些被围困群众，可以通知指挥中心增派人员。

需要直升机运送伤员时，也可以将空地位置、周边天气情况上报指挥中心，方便飞机降落。

### 3. 抗震救灾中直升机加装"北斗一号"卫星定位导航系统如虎添翼

安装"北斗一号"卫星定位导航系统后，直升机飞行几乎不受地形、天气、时段和能见度影响，能够始终置于地面指挥系统的全程监控引导之中，为下一步实施安全、科学、有效的救援发挥积极作用。

### 4. 在抗震救灾中装备公路抢修突击队

"北斗一号"卫星定位导航系统首次装备于重庆公路抢修突击队后，在抗震救灾工作中发挥了巨大的作用。

"北斗一号"卫星导航定位系统可以快速确定目标或者用户所处地理位置，一台主指挥机进行卫星定位后，可连接多部类似手机的"北斗一号"终端机，用户与用户、用户与中心控制系统间均可实现双向简短数字报文通信。将"北斗一号"卫星定位导航系统终端安装在 3 辆前往前线抗震救灾的公路抢修突击队车辆上，将一台指挥机安装在信息中心。后方工作人员通过"北斗一号"指挥机，能够在地图上清晰看到 3 台前方突击队车辆的位置和坐标，并不断通过短信进行联系，了解抢险工程完成进度，对突击队进行整体指挥、确定其工作目标及需要的后勤物资等。

### 5. 在抗震救灾中被用于长江三峡水情自动测报

"北斗一号"卫星定位导航系统还曾被用于长江三峡水情自动测报。三峡梯级调度中心在长江中上游共设立了 427 个三峡水情自动测报系统监测点。三峡水情自动测报系统在四川共设有 185 个监测点，其中有二三十个水情、雨量监测点是布置在四川地震灾区，在抗震救灾中提供堰塞湖的水位等水情信息方面的作用尤为突出。三峡水情自动测报系统采用太阳能供电、利用北京神州天鸿公司提供的北斗卫星终端传输监测数据。

2013 年 4 月 20 日 8 时 2 分在四川省雅安市芦山县（北纬 30.3°，东经 103.0°）发生了 7.0 级地震，震源深度 13 千米，与 2008 年 5 月 12 日 14 时 28 分汶川 8.0 级地震的时间相距 5 年，空间相距 85 千米。

如果说北斗系统在汶川地震救灾中初试锋芒的话，在雅安地震救灾中则是大显身手。2013 年 4 月 20 日 8 时 2 分雅安地震发生后，8 时 30 分，北斗系统进入战时值班状态，密切监视灾区用户机使用情况。14 时 10 分，3 名技术人员携带 260 台北斗系统装备，紧急飞赴灾区，配发一线部队，为抗震救灾提供保障。

在汶川地震时，通信全面恢复是在 147 小时之后，而雅安地震发生后 56 小时就全面恢复了通信。

# 农业和渔业

## 农田监测保墒情

中国多数地区,尤其是西北地区,普遍存在干旱缺水、耕作技术落后的现象。实施精准灌溉、精准施肥等精准农业技术,对数据采集和卫星定位技术有着迫切的需求。

土壤墒情是分析判断旱情最直接的指标,因此,土壤墒情信息采集系统成为旱情信息采集系统的关键组成部分,它和旱情信息站作为旱情信息采集的基本单位,是旱情信息采集系统的基础。2004年,北斗系统被用于新疆生产建设兵团农田墒情数据采集。综合利用远程数据采集技术、北斗系统定位通信技术、地理信息技术和卫星遥感技术,实现了土壤含水量、温湿度和地

▲ 北斗系统用于农田墒情数据采集

▲ 精耕细作

理位置的实时监测、旱情综合分析、土地面积和距离丈量等多项目标，为土壤墒情及地理位置等多维动态信息的实时采集及综合应用提供了全面和先进的解决方案，并且与滴灌系统相结合，用于对农田进行节水灌溉指导。

准确的耕地导航能减少重复施用或漏施现象，保证在最短时间内最大的土地覆盖率。

卫星导航技术的发展使得农业生产方式由传统粗放式耕作转为精细管理成为可能，通过将卫星导航和地理信息相结合并应用于农业生产，可有效提高农业产量、降低成本、保护环境。

▲ 精细农业

## 北斗渔业导航终端

渔业，尤其是远洋渔业是一个非常危险的行业，大海上的天气瞬息万变，极有可能出海后遇到灾害性天气而不能及时返港，这时能否得到及时的救助，直接关系到渔民的生命安全。

以前，渔民一般都会在船上配备两样东西，一个是 GPS，一个是海事卫星电话。遇险时，首先用 GPS 定位，确定自己遇险的准确位置，然后用海事卫星电话通知岸上的救援队。尽管海事卫星电话很贵，渔民为了在关键时刻能够救命，也不得不配备。

北斗系统应用之后，它独特的功能成功应用到渔业救援中，成为保护渔民生命安全的一把强大的保护伞。北斗卫星既可以定位，也可以短报文通信，渔民在船上安装了北斗卫星船载终端之后，一旦遇险，便可以直接把装载着定位信息的短信发送给岸上的救援队，一举实现了 GPS 和海事卫星电话的双重功能。

我国政府大力推进北斗系统在渔业领域的应用，先后在沿海渔业省份建立了大量的北斗二代渔业信息服务基础设施，向海上渔船提供导航定位、短报文通信等服务。

北斗系统在保证救援的同时，也极大地提高了渔民作业的效率。渔船队可以利用北斗系统的定位功能来寻找最佳捕捞地点，跟踪鱼群迁徙。短报文通信功能加强了渔船与渔船、渔船与岸上之间的联系。岸上的基站可以通过短报文向渔船发布各种台风、海浪、赤潮、渔汛信息，甚至是当时的鱼市价格。渔民捕鱼之后，直接把信息发到岸上，甚至可以提前联系好买家。同时，由于政府的大力推广，北斗卫星船载终端和短报文通信功能的价格都十分实惠，所以受到了广大渔民的热烈欢迎。

目前，北斗卫星海洋渔业综合信息服务的海上用户量已达 3 万户；开通北斗终端与手机短消息互通服务的手机用户已超过 7 万户，短信量月高峰可达 70 万条。北斗系统在东沙群岛渔船搁浅事件，2008 年"米娜""海贝思"台风事件，2009 年多次台风和强热带风暴袭击事件，以及多次渔船被外国抓扣救援事件中，均发挥了明显的安全保障、抢险救助指挥作用，也极大地保障了渔船的出海安全，巩固和发展了渔业生产。

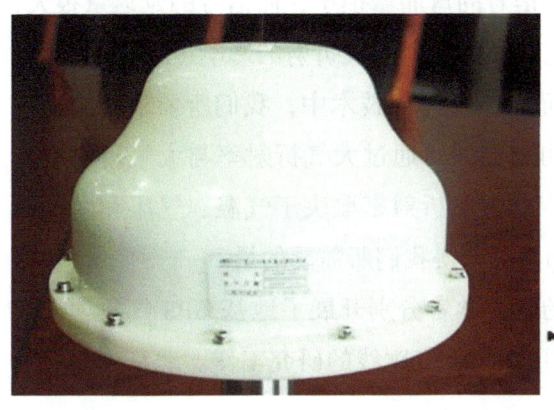

▲ 北斗卫星海洋渔业综合信息服务网络的终端设备

# 科学探索

## 气象预报中的应用

### 1. 气象观测

导航卫星发射的信号（电磁波）在达到接收点前要穿过大气层，而电磁波在大气中会发生折射，使速度降低。所以卫星信号要经过修正才符合实际。这种修正不仅与干空气有关，还与大气中的电子浓度、水汽的含量有关。在20世纪90年代初，人们就提出了一个设想：利用导航卫星接收机收到的信号反算出大气中的电子浓度、水汽含量。实验证实，这样得到的大气中水汽含量对气象预告和气候分析十分有价值，而导航卫星信号又可以随时进行观测，用位置固定点的接收设备测量大气的水汽量就成为新型的气象仪器，由此发展起一门新学科——GPS气象学。现在我国有了自己的导航卫星，通过接收北斗系统的信号来测量大气水汽的观测网逐步形成。

当GPS发出的信号穿过大气层中的对流层时，受到对流层的折射影响，GPS信号要发生弯曲和延迟，其中信号的弯曲量很小，而信号的延迟量很大，通常在2.3米左右。在GPS精密定位测量中，大气折射的影响被当成误差源，要尽可能将它的影响消除干净。而在GPS气象技术中，我们所要求得的量就是大气折射量，通过计算我们即可得到，再通过大气折射率与大气折射量之间的函数关系可以求得大气折射率。大气折射率取决于气温、气压和水汽压力的综合作用，通过相关公式，则可以求得我们所需要的量。

从20世纪90年代起，我国的一些学者分别开展了地基GPS气象学、空基GPS气象学以及GPS无线电掩星反演大气廓线的研究工作。北京大学的李成才和毛节泰等人最早将 GPS 气象技术介绍到国内气象界，并将地基 GPS 遥感大气水汽总量技术分别应用于上海、武汉和北京等地区，还探索了适合中国东部地区特点的加权平均温度的计算方法。

▲ 基于北斗系统的高寒地区气象监测站

### 2. 自动测报气象

为解决高寒地区和无人区的气象数据观测和传输问题，有关部门经过多年气象数字报文传输的应用实验，研制了一系列气象测报型北斗系统终端设备，并设计出实用可行的系统应用解决方案，解决了国家气象局和各地市气象中心的气象站数字报文自动传输汇集、气象站地图分布可视化显示功能。同时北斗系统设备也被逐步用于中国人工影响天气飞机作业领域，并取得了明显的效果。

## 电离层测量中的应用

根据电离的状态，可将地球大气层分为中性大气层和电离层。在距离地球表面大约 60 千米以上的地方，由于受到太阳紫外线、X 射线和高能带电粒子的作用，大气层被电离，产生自由电子和正、负离子，因此这一带被称为电离层。由于电离层中正、负电荷数大体相等，因此从宏观上呈现中性，我们把这种状态的物质叫作等离子体。

卫星通信与卫星导航所用的电磁波频率都很高，能够超过电离层，但这些电磁波在电离层中传播时，将会产生四种效应：（1）折射误差。通过电离层时，电磁波速度变慢，产生附加延时，导致测距不准，时间不同步。在卫星信号测量中，电离层延迟误差与传播路径上的电离层总电子含量呈正比。（2）无线电信号的相位也将发生变化，这将对与信号相位相关的业务产生影响。（3）由于信号折射，电磁波传播路径发生变化，对目标位置的追踪将产生误差。（4）由于电离层存在不规则结构，将会造成信号闪烁。

根据电磁波在电离层中的传播特性，我们可以将其用于电离层参数的测量。导航卫星发射两种频率的电磁波信号，我们在地面安放导航卫星信号接收机，根据这两个频率信号不同的传播延时，就可以计算出电离层的电子密度等参数。

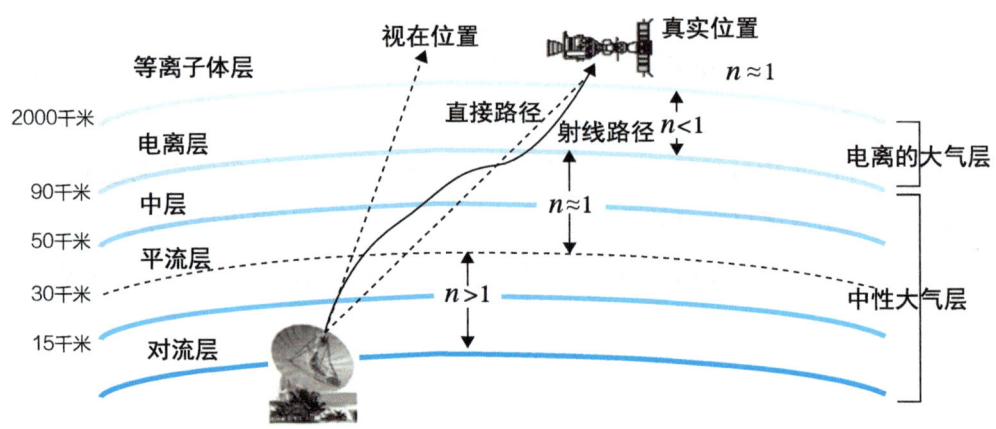

▲ 地球大气层的分层以及电磁波在电离层中传播时发生的效应，主要是折射，图中的 $n$ 表示大气层不同层内的折射率。

# 民用工程

## 工程测量

　　工程建设中的所有测绘工作统称为工程测量，它是直接为各项建设项目的勘测、设计、施工、安装、竣工、监测以及营运管理等一系列工程工序服务的。工程测量工作遍布国民经济建设和国防建设的各部门和各个方面。可以这样说，没有测量工作，任何工程建设都无法完成。

　　工程测量技术包括地面测量仪器、数字化测绘技术、摄影测量技术和卫星导航系统测量技术。卫星导航系统测量技术是新发展起来的技术，具有以下特点：

- 功能多，用途广。能够用于工程测量、大地测量，以及海洋测绘、航空摄影测量、地籍测量等各个领域。
- 定位精度高。其定位精度能够达到分米级和厘米级。并且能满足工程测绘中各种要求，能为自然以及人工的地面特征提供精确的三维定位信息。
- 操作简单、自动化程度高。
- 打破了传统勘测的限制。两个勘测点之间不必互相看得见，这样显著地提高了工作能力；测量者可以迅速得到高精度的勘测和地图测绘结果，从而可以大幅减少使用传统测绘技术通常所需的设备和工时。
- 能够在恶劣气候或阳光不足的情况下持续工作。

　　卫星导航系统测量技术在工程测绘中应用广泛，特别是在水下地形测绘和监测工程变形方面具有明显的优势。

### 1. 水下地形测绘

在海港的建设、海岸以及码头的施工设计、海洋资源的开发等工程中都需要采用水下地形图。在测绘水下地形图时首先应该进行平面位置的三维测定以及水深测量。在传统的测绘工程中水深的测量主要采用测深仪，在测量时，主要根据超声波测量水深的原理进行测量。在对水深测量的同时还采用潮位仪对潮位进行测量，这样能够修正水深的测量值，以便最后测量出精确的水下地形。而平面位置的测量主要采用经外测距仪、经纬仪以及三应答器等设备进行测量。这些设备操作复杂、条件要求高，使用极不方便。随着北斗测量技术的应用，不仅能够解决平面位置的测量的问题，而且采用差分北斗定位系统能够测绘大比例尺下水下地形。

### 2. 监测工程变形

在工程建设的过程中，工程变形是最为常见的问题，工程变形主要指地壳或者建筑物变形或建筑物位移等问题，北斗测量技术因其三维定位精度高，所以成为监测工程变形的重要的工具。

## 超长建筑的施工

超长建筑，如超长大桥、石油管道、天然气输送管道、跨海大桥、海堤等，在施工时会遇到许多特殊的问题。由于建筑物超长，一般采取分段施工的方法，但在几段合龙的时候，是否都在设计的路线上就是一个突出的问题。

解决这个问题最好的办法就是利用导航卫星，在每段施工时，都利用卫星进行定位。以往，我国的一些施工单位利用 GPS 定位，现在有了自己的北斗系统，定位精度很高，这无疑给超长施工带来了福音。

# 能源环境

## 在电力系统的应用

电网是一个巨大的系统工程,要确保电厂、变电站的设备运转同步进行,必须首先要确保设备内部时钟的一致性。为了统一内部时钟,此前中国电力系统不得不把美国的 GPS 作为主要的授时手段,通过 GPS 的民用频道向电力系统的电力自动化设备、计算机监控系统、安全自动保护设备、故障及事件记录等智能设备提供授时信号,以实现电力系统的"同步"运行。

但是,美国对民用 GPS 用户不承担责任,不保证民用 GPS 时钟的精度和可靠性,且民用 GPS 接收机接收到的 GPS 时钟信号因星历误差、卫星钟差、接收机误差、跟踪卫星过少等因素的影响,精度和稳定性难以得到保证。在卫星失锁或卫星时钟实验跳变的条件下,GPS 时钟的误差可达几十甚至上百毫秒。因此人们急需找到一个可靠的时间发布系统来替代 GPS 系统完成电力系统中的时间同步任务。

基于中国北斗系统研制成功并投入使用的"北斗电力全网时间同步管理系统",解决了电力系统时间同步应用中的三个难题:可靠的时钟源、全网时间同步管理、远程集中实时监测维护。它有效地保障了中国电力安全和国家安全。同时,该系统结束了我国电力运行时间完全依赖美国 GPS 全球定位系统的历史,使得以往缺乏安全保障的"美国授时"变为"中国授时"。

北斗系统授时技术具有如下特点:授时精度优于 2~100 纳秒,精确度高;授时系统及设备工作时稳定可靠,干扰小;系统具有多种输出方式;整体装置便携低耗;应用范围广泛,可应用于航空、航海、陆上交通、科学考察、极地探险、设备巡检和系统监控等方面。

2010年3月,"北斗电力全网时间同步管理系统"首次被顺利引入我国电网数字化变电站,开辟了智能电网建设的新纪元。这个系统可以实现可靠的、高精度的时间输出;采用"北斗双向授时功能"专有技术实现严格意义上全电力系统时间的统一;通过利用北斗系统的短报文功能,实现所有厂站端时间同步系统远程监测和运行控制;为电力输送提供高精度的、安全的全网时间同步整体解决方案。

▲ 北斗电力全网时间同步管理系统

作为具有战略意义的国家重要信息基础设施,北斗系统展示出了中国的综合国力,并且已经在包括电力在内的国民经济关键领域发挥了重要作用。有专家称,随着"北斗电力全网时间同步管理系统"的成功应用,预计未来 2～3 年,我国的通信、电力、军工部门的授时设备都要转换为北斗系统,或至少使用北斗/GPS 双模授时系统。

北斗系统在电力系统中的主要应用:

● 高精度授时应用;

● 基于北斗系统在输电线路故障定位中的应用;

● 基于北斗系统的通信。

## 在环境保护中的应用

北斗卫星导航定位系统在环境保护中的应用主要有以下三方面：

● 利用配备了北斗系统的大浮标监测平台监测海洋环境，如原油泄露等。

● 对濒危物种进行追踪、观测与保护。例如，给藏羚加特制颈圈，这样就可以追踪藏羚群在不同季节的迁移方向和停留位置。

● 建设北斗环境监测信息系统，最大限度地整合现有的各项监测、监控资源，实现稳定有效的数据采集传输、信息通信、监控指令管理等功能，为非常状况下的环境监测管理、应急指挥决策提供强有力的支持。

▲ 海上自动监测浮标可用于监测原油泄露等

# 金融保险

## 微小时滞效应

　　金融安全直接关系到公民私有财产，乃民生之大事。以股票交易为例，目前中国股民主要通过交易大厅电子显示牌和互联网终端进行交易。这些交易终端显示的信息是否为实时的？它们与交易所主机发布的消息是否完全同步？

　　公安部技术局表示，"金融黑客"常常利用计算机终端与服务器时间产生的微小时滞，操纵股票价格的涨跌。一只股票涨势良好，交易者准备买进的

▲ 翘首以盼的股民

时候，可能交易者看到的"良好态势"已经过去。而根据在交易所主机上"第一时间"的信息，这只股票已经开始走跌，这种效应就称为"微小时滞效应"。这信息一早一晚的差别，使得大量资金从股民手中涌入"金融黑客"的账户。这个时滞需要多久？专业人士表示，仅需要短短的两秒！

## 精确自主授时

为了克服金融过程中的微小时滞，进行精确自主授时，只能建立一个全国性金融证券实时授时网络。倘若这个网络的建立又依赖 GPS 系统，那么等于将金融授时的安全保障交给国外机构来监管，这无疑是缺乏自主权的危险举措。倘若发生境外个人或团体干扰、操纵 GPS 授时信号的事件，那金融安全的问题将直接从个人扩大到整个国家的经济安全。

因此，在开发应用方面，企业可以将北斗授时的原子钟嵌入金融交易系统的主机与各地分子机器，这样便可以切实保证各地实时接收到各类金融信息，彻底避免"金融黑客"乃至"恶意庄家"的蓄意破坏，遏制他们扰乱金融市场秩序、危害国家经济安全的行为。

# 第 7 章
## 战场之上,"北斗"蓄势待发

卫星导航系统,虽然有民用效益,但追根溯源,初始动机都在于军事用途。

在战场之上,北斗系统摇身一变,成为先锋战士,随着它的逐步完善,其精确定位和导航的功能将提高我国武器(如战斗机、导弹、潜艇和航母)的精确打击能力;还可以增强弹道导弹机动发射车、自行火炮与多管火箭发射车等武器载具发射位置的快速定位,缩短反应时间;此外,北斗系统也可为人员搜救、水上排雷提供定位服务。

本页图为轰-6K战略轰炸机。(供图/Aquatiger127)

## 北斗卫星导航系统

卫星导航系统虽然具有民用效益，但追根溯源，初始动机都在于军事用途。美俄（苏）的两代卫星导航系统都是冷战环境下的产物；欧盟的伽利略系统本身就是"欧洲独立防务计划"的一部分；日本的卫星导航计划，既可以看成是日本军事"复兴"计划的一部分，也可以视为美国战略重心东移的一个辅助性计划；印度的卫星导航计划是由空军推动的。

英国《简氏防务周刊》曾撰文称，中国的北斗系统对美国的GPS系统构成了挑战，美国垄断卫星导航高科技的时代即将结束。不必讳言，北斗系统正式运营后，中国在遭遇外敌入侵时的精确反击能力将出现质的飞跃。将北斗系统与导弹系统相互匹配，完全可以形成中国特色的反导防御系统，届时中国将形成陆、海、空、天四位一体的"国防门"，大大提升中国的国防安全系数。

北斗系统的军事应用可概括为以下几个方面：

（1）精确的武器制导；（2）为联合作战提供时间同步保障；（3）为陆海空天装备提供全天时导航；（4）在综合电子信息系统中的应用；（5）为单兵或部队定位及提供救援服务；（6）为在轨动能拦截提供精确导引；（7）为航天器快速大范围机动提供精密定轨；（8）地面作战行动；（9）海上行动；（10）空中作战行动。

本章将详细介绍其中的几个方面。

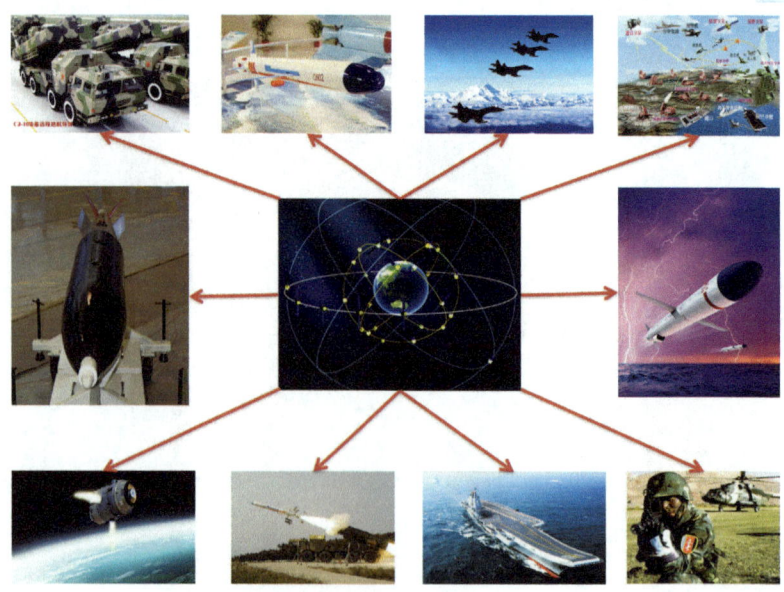

▲ 北斗系统军事应用示意图

# 现代局部战争对我国的启示

## 现代战争的特点

"他山之石，可以攻玉"，我们首先看看自20世纪90年代以来几场局部战争具有哪些特点，由此分析如何应对现代战争。

从1991年的海湾战争、1995年的波黑战争、1998年底的"沙漠之狐"行动、1999年的"盟军行动"，直到2011年的"奥德赛黎明"军事行动，这些局部战争具有三个突出特点。

### 1. 远距离精确打击

摧毁一个30米×18米的目标，若在第二次世界大战时期，需要出动1500架次飞机，投掷9000多枚炸弹；在越南战争时期，需出动170架次飞机，投掷300多枚炸弹；而在海湾战争中，仅需出动1架次飞机，投掷1～2枚制导炸弹。

美军通过模拟试验得出结论，精确制导弹药具有突出的作战效果。

在上述局部战争中，精确制导武器所占百分比逐年提高。海湾战争（1991年）占7.6%，阿富汗战争（2001年）占56.0%，到伊拉克战争（2003年）已占到68.3%。

### 2. 战场逐渐进入太空

海湾战争（1991年）动用了70颗卫星，美国国防部把这场战争称为"太空战雏形"；科索沃与伊拉克战争使太空战因素增多。

### 3. 信息战

所谓信息战，就是为夺取和控制信息权而进行的战争，起始于1991年的海湾战争。信息战主要包括情报战、电子战、网络战、心理战以及信息欺骗、信息保密等，其中最重要的是电子战。

电子战是敌对双方为争夺电磁频谱使用和控制权的军事斗争，包括电子侦察与反侦察、电子干扰与反干扰、电子欺骗与反欺骗、电子隐身与反隐身、电子摧毁与反摧毁。

精确制导弹药

☆ 美军模拟试验结论：

爆炸威力提高1倍，杀伤力只能提高40%
命中概率提高1倍，杀伤力却能提高400%

☆ 美空军实战比较：

| B-17 重型轰炸机 | 作战效果 | F-117A 战斗机 |
|---|---|---|
| 10架，4500架次投掷9000枚炸弹 | ═══ | 1架次，1~2枚2000磅激光制导炸弹 |

▲ 精确制导弹药的效果

第 7 章 战场之上，"北斗"蓄势待发

▲ 美国部分精确制导武器

# GPS 在现代战争的应用

### 1. 精确的武器制导

所谓制导是指导引和控制飞行器按一定规律飞向目标或预定轨道的技术和方法。武器制导方式有卫星制导、激光制导、红外制导和雷达制导等，其中卫星制导武器最为耀眼，因为这种制导武器精度高、抗干扰能力强。

在 1991 年海湾战争期间，美军共发射巡航导弹 323 枚，其中战斧巡航导弹 288 枚，空射型 AGM-86C 巡航导弹 35 枚。战斧巡航导弹包括 261 枚 BGM-109C 和 27 枚 BGM-109D，当时这两种型号的战斧巡航导弹仍采用惯导＋地形匹配＋数字景象匹配制导方式，还未采用 GPS，命中精度为

15～18米。现在美国已对以上两种型号巡航导弹进行了改进,增加了GPS制导方式。AGM-86C巡航导弹采用惯导+GPS进行复合制导,命中精度10米,由作战飞机从敌防空火力圈外发射。海湾战争之后,巡航导弹被认为是增强常规威慑和实施远程精确打击的有效武器。

1998年的"沙漠之狐"行动前后仅持续了70多个小时,而美军在这短短的时间里竟向伊拉克发射了415枚海射和空射巡航导弹,其中,海军战舰发射了325枚战斧巡航导弹,B-52轰炸机发射了90枚AGM-86C巡航导弹,仅几天的发射量就超过了海湾战争42天的发射量。

在1999年的"盟军行动"中,南联盟地区天气多云,激光制导炸弹因易受天气影响而发挥不出作用来,而GPS受天气影响比较小。这种天气迫使美军更多地依赖采用GPS制导的巡航导弹和炸弹,在战争的前5天就发射了大约400枚战斧巡航导弹。美军使用的战斧巡航导弹主要是Block 3型,它是在海湾战争中使用过的BGM-109C/D基础上研制出来的,采用惯导+地形匹配+GPS+景象匹配制导,最大射程1667千米(舰射)/1127千米(潜射),命中精度3～6米(理论),巡航高度15～150米,巡航速度0.5～0.75马赫,价格约140万美元。

▲ 联合直接攻击弹药(JDAM)

在"盟军行动"中使用的精确制导炸弹主要是联合直接攻击弹药（JDAM）等。JDAM由常规炸弹改进而成，采用惯导+GPS复合制导方式，精度10米，价格1.2万美元/枚，美国海军的F/A-18C/D战斗机和空军的B-1、B-2轰炸机都能携带。到4月中旬，美军先前接收的第一批JDAM（约900枚）在"盟军行动"前一阶段已基本用完，其投放主要由B-2实施。美国防部要求JDAM生产商——波音公司提前2个月，即在5月份交付第二批共2200多枚JDAM，并签订了第三批共2500多枚JDAM的生产合同。另外，B-2还可能携带了全球定位系统辅助制导弹药（GAM）参加作战。GAM也采用GPS进行复合制导，在12千米高空、距目标14千米处投放，精度在6米以内。

GPS制导方式还用于战术弹道导弹上。美军现役的陆军战术导弹系统（MGM-140ATACMS）的最新型号也加装了GPS制导方式，以提高命中精度。MGM-140 ATACMS于1991年开始服役，其最初型号采用惯导系统+雷达指令修正进行制导，在海湾战争期间向伊拉克发射了约30枚，其最新型号已经部署在战区。MGM-168 ATACMS - Block IVA采用了GPS与惯导组合制导，射程为300千米。

2003年，伊拉克当地时间3月20日，美国对伊拉克发射了第1枚战斧巡航导弹，由此开始了代号为"自由伊拉克"的军事打击行动。此次伊拉克战争的空袭行动中，美英联军共投放精确制导弹药19948枚、非制导弹药9251枚，其中战斧巡航导弹802枚、常规空射巡航导弹153枚，主要打击了伊拉克领导层的官邸、政府机构办公大楼、国家主权标志性建筑物，以及伊军指挥、控制与通信中心和部队驻地等目标。

此次伊拉克战争，联军使用了AGM-86C/D常规空射巡航导弹、风暴之影防区外空地巡航导弹、AGM-88反辐射导弹、AGM-65G2小牛空地导弹、海尔法反坦克导弹、标枪反坦克导弹、联合防区外武器（JSOW）、EGBU-27和GBU-28制导炸弹、GBU-24激光制导炸弹、GBU-37制导炸弹、联合直接攻击弹药（JDAM）以及CBU-105传感器引爆子弹药等新型和改型的精确制导弹药。在整个战争中，美英联军空袭所使用的精确制导弹药有1/3以上都是采用GPS制导。JDAM高空投放的命中精度为6米，若加装毫米波雷达末制导，命中精度可达3米。

北斗卫星导航系统

▲ 美国陆军战术导弹

　　据统计，在1991年海湾战争中，美军共发射了288枚战斧巡航导弹和35枚空射型AGM-86C巡航导弹，攻击了伊拉克的80多个目标；在美军投放的全部弹药中，美军使用的精确炸弹占了全部投弹的35%；在阿富汗战争中美军使用的精确制导炸弹占了全部投弹的56%；在伊拉克战争中，美英军队使用的精确制导炸弹超过了90%，约为1991年海湾战争的11倍。美国空军各型飞机投放的全部是精确制导炸弹，且美国海军各型飞机投放的绝大多数也

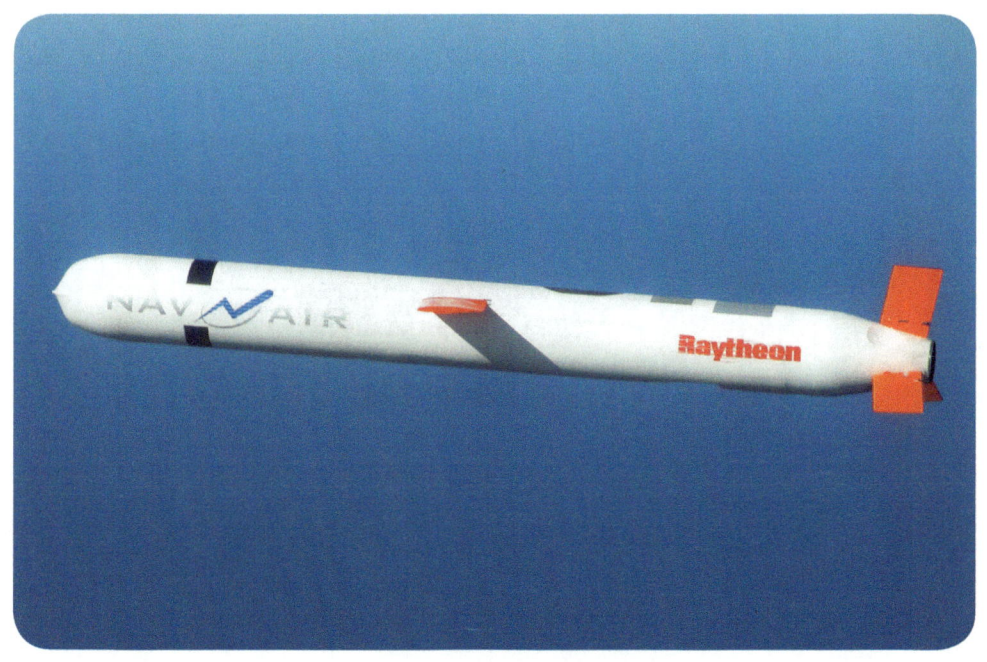

▲ 战斧 4 型巡航导弹

是精确制导炸弹，例如 3 月 27 日，小鹰号舰母的 F/A-18、F-14 向伊拉克西南的共和国卫队投放了 23 枚炸弹，其中 16 枚为 450 千克激光制导炸弹，4 枚为全球定位系统炸弹，只有 3 枚为 450 千克普通炸弹。

从 1991 年海湾战争以来，美军在几场高技术局部战争中都大量使用舰射战斧巡航导弹进行远程精确攻击。2002 年 11 月，美军最新研制的战斧 4 型巡航导弹成功地完成了水下试射，在对伊战争中进行了实战检验。与老式的战斧导弹相比，战斧 4 型巡航导弹有许多新的特点，最突出的特点是发射后能在目标区域上空盘旋数小时，待目标最后确定后，再实施攻击。一般来说，战斧 4 型巡航导弹能在飞行距离不超过 400 千米的战场上空盘旋 2～3 小时，实时地接收卫星预警机、无人侦察机和地上指挥机构发来的信息，并根据收到的最新信息重新确定打击目标的数据，然后对目标进行攻击。另外，战斧 4 型巡航导弹除采用了惯性制导和全球定位系统复合制导系统外，还采用了红外成像或改进的景象匹配末制导技术，可将确定打击目标的时间缩短为几分钟。它的 GPS 接收器具备较佳的抗干扰能力，并整合双波段卫星 UHF 通信链路，能在飞行过程变更攻击目标。

▲ F-15E 正在投射 GBU-28 激光制导炸弹

### 2. 飞机与舰船的导航定位

目前，GPS 与惯导相结合是飞机上普遍采用的一种导航方式，这种导航方式可由 GPS 提供精确的位置和速度信息，而惯导因不易受到干扰，可在无 GPS 信号时提供导航信号并使系统迅速更新。美军目前的军用飞机大量采用此种导航方式。

海湾战争期间，GPS 系统只有 16 颗卫星在轨，海湾地区每天的 GPS 可用时间达 20 小时以上。据美国国防部报道，借助于 GPS，F-16 战斗机、B-52 轰炸机、RC-135 侦察机和特种作战飞机可全天候准确无误地执行任务；坦克编队可在没有特征的沙漠地带完成精确的机动；扫雷部队可安全通过雷区、准确确定布雷位置以便将其摧毁；给养运输车能在沙漠中发现作战人员并为其提供补给；特别行动直升机与攻击直升机能够协同作战。GPS 还使空中加油机与需要加油的作战飞机能够更快地相互找到对方。

空袭与反空袭已成为现代局部战争的主要作战样式，军用飞机是空袭行动的重要武器平台和支援装备之一。在"盟军行动"中，北约动用了各式轰炸机、战斗机、预警机、侦察机、加油机、运输机等近千架。有记者问一位北约飞行员："你知道去轰炸塞尔维亚的哪个城市吗？"飞行员答道："不知道。""那么你知道轰炸的是什么目标吗?""不知道。""那你怎么可能去轰炸呢?""容易,上级给我一个坐标,我按计算机的指引(采用 GPS 导航),投下炸弹掉头就走,跟玩游戏机没啥两样。"可见空袭行动对 GPS 的依赖有多深。

由于航母及其舰载机大量采用 GPS 和夜视系统等装备,美军航母全天候、全天时作战能力显著提高,每天出动的架次从原来的 125～140 架次增加到 200 架次以上,许多袭击活动都选在夜间进行。

值得重视的是,美军在"盟军行动"中首次动用了 B-2 隐身战略轰炸机。B-2 航程可以达 18530 千米(经过一次空中加油),从美国本土起飞,可到达世界任何一个地方参战。B-2 自 1993 年开始服役,全部部署在美国本土。B-2 的参战充分显示了美军的全球打击能力,这一打击能力也必然离不开 GPS 导航系统的支持。B-2 采用了 GPS 辅助瞄准系统,具有一次精确瞄准 16 个分散目标的能力。

▲ 能投放多种制导炸弹的美国 B-2 隐身战略轰炸机

### 3. 作战部队定位

GPS 接收机可以做到小型化、手持式，因而携带方便，它还可与其他手持式通信设备组合在一起，是野战部队和机动作战部队不可缺少的装备。海湾战争期间，GPS 接收机就很受部队欢迎，一度出现了军用 GPS 接收机严重短缺的现象，许多部队不得不从市场上购买民用接收机。当时多国部队配备了约 5500 台军用 GPS 接收机和 1 万台民用 GPS 接收机。

美军飞行员目前在应用一种 Hook-112 救生无线电装置，在飞机被击落时，能够利用 GPS 系统为营救人员指引方向。Hook-112 救生无线电装置是 1995 年在波黑地区被导弹击落的 F-16 飞行员获救后研制出来的。当时，飞行员为避免被俘而东躲西藏，苦熬了整整一个星期才被海军陆战队救走。如果当时配有 GPS 救生无线电装置，他就会早早得救。在"盟军行动"中，被击落的 F-117 飞行员就是依靠此类救生无线电装置为营救人员指引了方向。飞行员一落地便利用所携带的救生无线电装置进行 GPS 定位，并发出带有位置信息的紧急呼救信号。在查知 F-117 被击落之后，美军立即派出包含 EA-6B 电子战飞机在内的数架飞机和直升机，飞赴贝尔格莱德进行营救，

▲ 美军的几种战地救生无线电装置

其中 EA-6B 除负责干扰敌方的通信和雷达系统以外，还负责搜索 F-117 飞行员发出的无线电呼救信号。6 个小时之后，EA-6B 飞机接收到呼救信号，7 个小时之后，飞行员被救走。

## 几点思考

● GPS 在多次局部战争中所发挥的作用，充分显示了卫星导航定位系统在现代战争中的地位和影响力。我国应借鉴 GPS 的经验，加大北斗系统军事应用的研究和实践。

● 在军事领域，如果完全依赖美国 GPS，将对国防安全造成极大的损害。GPS 已在全球广泛应用，绝大多数国家对其都有依赖性，这就意味着，目前任何配备 GPS 卫星导航系统的别国军队，战时都有可能被美国"做手脚"而变成"瞎子"。一些与现代化军事装备有关的信息处理，如果过度依赖 GPS 系统，那么，在 GPS 无法使用或美国停止导航信号的播发，乃至在信号中加入干扰时，使用国在军事上就会陷入极大的被动。

● 针对 GPS 信号曾经受到干扰的经历，我国在完善北斗系统功能时，应把抗干扰能力作为重要问题加以研究。

● 考虑到各种反卫星技术的发展，应加强导航卫星生存能力的研究。

# 北斗系统在武器制导中的应用

卫星导航系统可应用于地地导弹、空地导弹、巡航导弹、潜射导弹、制导炸弹和各种高精度打击武器，可提供精确制导、定位、计时和测速，与惯性制导、地形匹配、红外、激光和雷达制导等复合使用时，能有效提高武器系统的抗干扰能力，确保在复杂气候条件和电磁环境下实现全天候的精确打击，尤其适用于对小区域、小目标进行精确打击。

目前，在亚太地区，我们的北斗系统可以为自己的巡航导弹、激光制导与复合制导炸弹提供精确的导航。2020年后，这些武器在世界范围内也可实现远距离精确打击，如长剑-10巡航导弹、雷霆-3制导炸弹、雷神-6滑翔制导炸弹以及FT-3/5激光制导炸弹。

中国研制生产的新一代火箭炮卫士-2D（WS-2D）是目前中国口径最大、世界上射程最远的火箭炮，它使用了由低成本惯性器件组成的捷联惯导系统，在末段还采用了卫星导航技术，提高了控制精度。

▲ 长剑-10陆基远程巡航导弹

第 7 章 战场之上，"北斗"蓄势待发

▲ 雷霆-3 激光制导炸弹

▲ 雷神-6 滑翔制导炸弹

▲ 国产 FT-3/5 激光制导炸弹

▲ 国产卫士-2D 火箭炮

# 北斗系统在反舰弹道导弹中的应用

1964年以来，美国在世界各地以武力进行干预的突发事件达200多起，其中运用海军兵力的占2/3以上。在这些军事行动中，几乎都有航母战斗群直接或间接参加。当前美国海军共有航母战斗群10个。通常1个航母战斗群的标准编制是：1艘现役航空母舰（尼米兹级）、2艘导弹巡洋舰（提康德罗加级）、4艘导弹驱逐舰（阿利·伯克级）、1艘护卫舰（佩里级）、1~2艘攻击型核潜艇（洛杉矶级）和1艘供应舰（多为萨克拉门托级快速战斗支援舰）。

2014年8月27日美国宣布，为了应对紧急情况，美国海军将向亚太派出第二艘航空母舰——"卡尔·文森"号，并与在日本的"乔治·华盛顿"号航母汇合，一同在亚太执勤。美国航母部署的规律是：部署1个航母战斗群，意味着此处"局势紧张"；部署2个航母战斗群，意味着美国准备在此处开战；部署3个航母战斗群，意味着美国准备在此处随时准备开战。这个举动与美国3年前制定的亚太政策有关。美国要将60%的海空力量投入到亚太地区，遏制中国崛起，以确保美国在亚太的霸权。

面对世界上最强大的美国航母战斗群，为了保证中国的主权和领土安全，必须制定出行之有效的对付霸权主义的战略、策略、方法和手段。

## 弹道导弹打航母的优势

### 1. 不依赖于制海权

航母的防御是非常严密的，以美军航母编队为例，它的防护主要靠四种手段：早期预警、电子战、防空和反潜。

航母不是一个独行侠,通常以航母战斗群的形式存在,它以大型航母为核心,集海军航空兵、水面舰艇和潜艇为一体,可以在远离军事基地的广阔海洋上实施全天候、大范围、高强度的连续作战。航母出行总是"前呼后拥",有很多为它保驾护航的力量,如巡洋舰、驱逐舰、护卫舰和攻击型核潜艇。

在美军航母编队中,担任早期预警任务的是E-2C"鹰眼"预警机。E-2C"鹰眼"预警机装备有AN/APS-125/145远程分辨搜索雷达,探测距离480千米,飞行在距离航母300多千米的空域。这是一个什么概念呢?就是来袭目标距离航母800千米的时候就能发现,这样就可以为航母接下来采取行动赢得时间。E-2C对不同目标的发现距离分别是:高空轰炸机741千米,低空轰炸机463千米,舰船360千米,低空战斗机408千米,低空巡航导弹269千米。可同时跟踪250个目标,同时引导45架战斗机进行空战。

▲ E-2C"鹰眼"预警机

电子干扰是对付来袭飞机和巡航导弹的第一道屏障，目的是让它们偏离航线和目标，打不准，这个任务是由舰载的 EA-6B 电子干扰机承担的，现在美军开始换装更先进的 EA-18E/F "咆哮者" 电子干扰机，这种飞机是在 F/A-18E/F "超黄蜂" 的基础上研发的，被外界称作 "电子战能力最强的战斗机"。在北约对利比亚的军事行动中，"咆哮者" 首次参战，并且发挥了重要作用。

▲ EA-18E/F "咆哮者" 电子干扰机

在防空方面，半径 185~400 千米的外防区是由舰载战斗攻击机来负责，现在美军装备的是 F/A-18E/F "超黄蜂"，未来准备装备第五代战机 F-35C；半径 50~185 千米的中防区由巡洋舰和驱逐舰上的中远程防空导弹和战斗攻击机负责；半径 50 千米以内的内防区主要由航母自己的点防御武器和其他舰艇上的近程防空武器负责。经过电子战飞机的干扰，再经过防空武器的 3 层拦截，可以想象，能够飞抵航母上空的来袭者已经是所剩无几了。

和防空一样，航母的反潜也是分层的。在外层，承担反潜任务的是舰载长程反潜机 S-3B 和攻击型核潜艇。这个攻击型核潜艇也承担远程警戒任务。在中层，用舰载直升机和反潜武器系统进行反潜。在内层有舰艇发射的反潜鱼雷和反潜火箭，再结合水上对抗系统，保证防御任务。

▲ F/A-18E/F "超黄蜂"舰载战斗攻击机，负责半径 185~400 千米的外防区

弹道导弹通常是从一个国家领土的纵深区域发射，不在对方火力打击范围之内，这样可以确保武器装备的生存安全，确保作战行动的顺利进行。所以它不以制海权为前提条件。这一点对于海军实力较弱的国家来说，尤其重要，这是他们能够对抗海洋强国的唯一手段。

### 2. 弹道导弹的威力大

航母本身是世界上最坚固的水面目标，被动防御也很强大，绝不是一般的反舰导弹就能够对付得了的。例如美国的尼米兹航母，采用封闭式飞行甲板，机库以下舰体为整体密封结构；舰底部是双层底，双层底与飞行甲板之间设有很多横向水密舱壁，水线以下部分每隔 12～13 米，设有一道横隔舱壁，全舰共有 23 道水密横隔壁和 10 道防火隔壁，水密舱段共 2000 多个，使该舰具有很高的不沉性。该舰的甲板全部是用优质高强度合金钢制成，舷侧某些部位的钢板厚达 63.5 毫米，可以有效地防御半穿甲弹的冲击。对弹库和机舱等关键的舱室装备了抗导弹攻击的箱式保护。

### 3. 突防能力强

在弹道导弹的攻防力量对比当中，攻的一方占有明显优势。航母战斗群虽然配备有反导系统，但对于高速运动的弹道导弹来说能力有限。

反舰弹道导弹有用于侦察搜索突防的特殊弹道。弹道导弹的第三级火箭发动机可以将中段传统的抛物线弹道转变为带三个波峰的跳跃式弹道，使得探测系统在导弹再入大气层之前，很难准确探测和计算导弹的落点，从而大大提高了弹道导弹的突防能力。

另外，弹道导弹的速度高，反导系统难以拦截。根据有关论文数据，弹头在高空制导段开始的初始位置为高度 200 千米、距离目标 300 千米，速度 12 马赫；在高度 100 千米、距离目标 200 千米结束高空制导，开始高空滑翔；在距离目标 70 千米、高度 30 千米处脱离黑障，开始低空制导；最终落地的速度为 3 马赫，远高于现有绝大多数的反舰导弹。弹道导弹由于速度高，被对方拦截的概率就大大下降，其突防能力显著提高。此外，弹道导弹飞抵目标的方式与一般反舰导弹不同。反舰导弹一般都是超低空掠海水平飞行。弹道导弹是从目标的上空接近，基本上垂直命中目标，使得航母编队的拦截导弹不得不实施迎面拦截，不但拦截扇形角度窄，拦截的有效范围小，而且由于攻击导弹与拦截导弹面对面飞行，两者的相对速度大，两弹的遭遇位置或命中点更难以把握；如果使用末段制导，弹道导弹还可以作变轨飞行，拦截的难度进一步加大。在实战中，还可以采取多方向、多轨道发射，对敌方航母实施集中打击，使敌方顾此失彼，导弹的突防概率更大。

### 4. 攻击航母的薄弱部位，破坏性大

航母侧舷水线附近的厚度一般在 150 毫米，甲板和机库甲板厚度分别为 89 毫米和 64 毫米。航母飞行甲板或机库甲板的抗毁能力弱于侧舷，弹道导弹正是打击航母的薄弱部位，即命中航母的飞行甲板。此外，航母甲板上有一些没有装甲防护的重要设备，如升降机、飞机弹射器、阻拦装置以及各种指挥和辅助设备等，这些部分如果受损，就可能造成航母指挥失灵并丧失战斗力。如 1969 年美"企业"号航母甲板上发生炸弹爆炸，使飞行甲板及其附属设备遭到严重破坏，同时还使 15 架飞机报废，死伤 147 人，航母基本丧失作

战能力。为此"企业"号进行了长达3个月的修理才恢复了战斗力。美军人士自称:"只要把航母甲板炸出一些坑穴,或击毁升降机、飞机弹射器、阻拦装置等,大型核动力航母就会成为九万吨的高技术废物。"综上所述,运用我现有的战役战术弹道导弹,加以改进,发展相应的制导技术,作为反敌航母的撒手锏,不仅在战术上可对敌形成有效的打击,在战略上也可对敌形成有效威慑,从而为我军在未来军事斗争中争取主动。

# 弹道导弹打航母的技术难题

### 1. 如何获取目标的有关信息

要想打击航母,首先需要知道航母在哪,它的运动诸元是怎么样的。只有在精确地掌握了这些数据之后,才能对航母实施攻击。普通的反舰导弹因为射程有限,很难接近航母,之所以要选择弹道导弹,正是因为它的火力控制距离可以从数百千米到数千千米。

美国最大的航母长300余米,宽70多米,可即使这么大的目标在茫茫大海之中,特别是在1000千米以外寻找,也只能是沧海一粟,很难被发现。还有另外一个问题就是持续跟踪,而且要取得攻击航母所需要的数据。航母在进入作战区后一般都会在一个相对固定的海区内巡弋机动,用这种方式来规避对手的侦察和打击。正常情况下,综合作战区距离敌人的海岸线大概是100~300海里,特殊情况下,也可能扩大,也可能缩小。这要依据对手实力而定。按照美国媒体的说法,要获得打击航母所必需的信息,比如说要发现航母、跟踪航母、定位航母,那就需要一个相当庞大的侦察与跟踪系统的支持,要有海洋监视卫星、导航卫星、数据传输卫星。可想而知,打航母没那么简单,建立这样一套庞大的高性能的系统,绝非是一朝一夕的事情。

### 2. 导弹的末段寻的能力

它涉及一个飞行弹道固定、打固定目标的导弹如何击中移动目标的问题。弹道导弹在发射之前,需要在弹内装定精确坐标参数,如果使用末制导技术,就需要在弹头制导系统内装入目标信息。假如攻击的一方克服了刚才所说的种种侦察技术的局限，装入了较为清晰准确的航母坐标参数和匹配用的雷达图像，而 1000 多千米的距离，导弹需要飞行 10 多分钟，在这 10 多分钟的时间里，航母不可能原地不动，它至少移动了 10 千米，机动的范围可以达到 300 多平方千米。在如此广阔的海域里去寻找一艘航母，近似于大海捞针。这对于导弹的末段寻的能力来说，是一个极大的考验。

### 3. 战斗部的威力问题

由于弹道导弹再入大气层击中目标时的速度非常快，而末制导的高度又不可能太高，这样一来，末制导对弹头的作用就比较有限。由此带来的问题就是使打击精度会受到一定影响。如美国非常有名的潘兴 II 弹道导弹，在采用了末制导技术后，它的精度提高到了 10 倍，但也只有 30 米。这个在弹道导弹当中已经是一个很了不起的纪录了。但是如果与巡航导弹相比，还是差得太远。巡航导弹战斧 4 的理论精度只有 1 米。另外，弹道导弹再入弹道相对于巡航导弹来说，要垂直得多，所以它不可能像反舰巡航导弹那样去攻击航母相对比较薄弱的吃水线，而只能是从上至下打击甲板以上的建筑，这里通常是航母最为坚固的部分。

### 4. 怎样突破反导系统的拦截

对反舰弹道导弹构成一定的威胁的，是美国航母编队中的提康德罗加级巡洋舰和阿利·伯克级驱逐舰上都装备有宙斯盾弹道导弹防御系统。该系统主要由原宙斯盾舰载武器系统、AN/SPY-1 雷达和标准-3 导弹组成，属于高层弹道导弹防御系统，可以防御中远程的战术弹道导弹。其中标准-3 导弹的最大有效射程为 1200 千米，对弹道导弹的拦截高度为 100～500 千米。标准-3 既能进行中段拦截又能进行末段拦截，在过去 23 次海上拦截试验中有 19 次取得成功。

早在 20 世纪 60 年代末，美国海军认识到自己在各种环境中的反应时间、火力、运作妥善率都不足以应付苏联大量反舰导弹的对水面作战系统的饱和攻击威胁。对此，美国海军提出一个"先进水面导弹系统"的提案，经过不断发展,在1969年12月改名为空中预警与地面整合系统(Advanced Electronic Guidance Information System/Airborne Early-warning Ground Integrated System),英文缩写刚好是希腊神话中的宙斯之盾(AEGIS),所以也译为"宙斯盾"系统。该系统反应速度快,AN/SPY-1E相控阵主雷达从搜索方式转为跟踪方式仅需0.05秒,能有效对付作掠海飞行的超音速反舰导弹;它的抗干扰性能也很强,可在严重电子干扰环境下正常工作;在反击能力方面,该系统作战火力猛烈,可综合指挥舰上的各宙斯盾种武器,同时拦截来自空中、水面和水下的多个目标,还可对目标威胁进行自动评估,从而优先击毁对自身威胁最大的目标。因此,未来想要有效地攻击航母,弹道导弹必须具备突破"宙斯盾"系统的能力。

▲ "宙斯盾"系统的心脏——AN/SPY-1E相控阵雷达天线

# 弹道导弹打航母的措施

反舰弹道导弹系统并不只是一枚导弹,从广义上讲,它包含了侦察、通信、指挥、作战四大系统,是我军综合电子信息系统的缩影和远程作战体系的重要组成部分。它既要依托我军整体作战能力来发挥自身的战斗功能,又能显著提高我军在与强敌进行的现代海战中的突击能力,并为今后我军远程打击系统的建设开辟了一条新路。

针对上述弹道导弹打航母遇到的 4 个难题,已经有解决这些问题的技术措施。

### 1. 发现与跟踪航母的方法

侦察卫星是发现航母最有效的工具。侦察卫星主要包括光学侦察卫星、雷达成像卫星、电子侦察卫星和海洋卫星等。目前,光学侦察卫星最高空间分辨率已经达到 15 厘米。因此,从发现航母的角度看,空间分辨率不是问题,关键是时间分辨率,也就是说卫星重复观测某个区域的周期比较长。但地球同步轨道卫星可以凝视某特定海区,对于监测航母的动向还是有帮助的。如果将来的地球同步轨道卫星分辨率达到米的量级,跟踪航母就没有任何问题了。

我国目前在轨的光学侦察卫星、雷达侦察卫星、海洋卫星以及电子侦察卫星的数量,可使我国对同一地区重复访问的时间间隔缩短为 40 分钟,对地面电子信号可实现连续侦察定位。此外,我国还配备有超视距雷达和无人侦察机,这也是跟踪美国航母的有效手段。

航母运行时一个重要特点是不间断辐射无线电信号。在海上铺开方圆数十海里的航母编队,是各种电磁信号的综合体,除了航母本身装设有各种雷达、指挥、通信、干扰等电子设备外,编队中的其他舰艇及飞机,也都装设有大量的电子设备,构成了相当强烈的电磁信号源。航母编队很难做到无线电静默,特别是为了自身的安全,警戒雷达、控制雷达是不能关机的。因此对航母进行监视时,可以通过电子侦察卫星截获航母及其编队舰只的雷达、通信等无线电信号来实现。

天波超视距雷达（Over-the-horizon Radar）利用中频至高频频段，使电磁波可借由电离层与地面之间的反射探测地平线以下远距离目标，其探测范围为 800～6000 千米，对目标的定位精度在 20～30 千米，进一步改进算法后，定位精度可以达到 2～3 千米。虽然天波雷达缺乏目标分辨能力，但其测速精度极高，可以通过速度分辨目标类型，最早用于弹道导弹预警和监视对方轰炸机活动，后来扩展到对海监视和探测隐身飞机。

另一种有效的侦察手段是使用隐形、长距离无人机。无人机既可以作为电子侦察卫星的补充，携带无线电接收装置被动探测敌方舰艇、预警机的位置；又可以使用雷达、红外设备主动搜索，对目标进行精确定位与跟踪，弥补天波雷达定位精度低的缺陷。在现有的无人机家族里，高空长航时无人侦察机最适合担任搜索航母群的任务，它可以携带多种侦察设备，绕过敌方雷达、预警机的警戒区，从侧面接近敌航母舰队；并可以长时间监视目标，有利于对战场环境的掌握。我们将对航母进行侦察和跟踪的系统构成，作一总结，如下图所示。

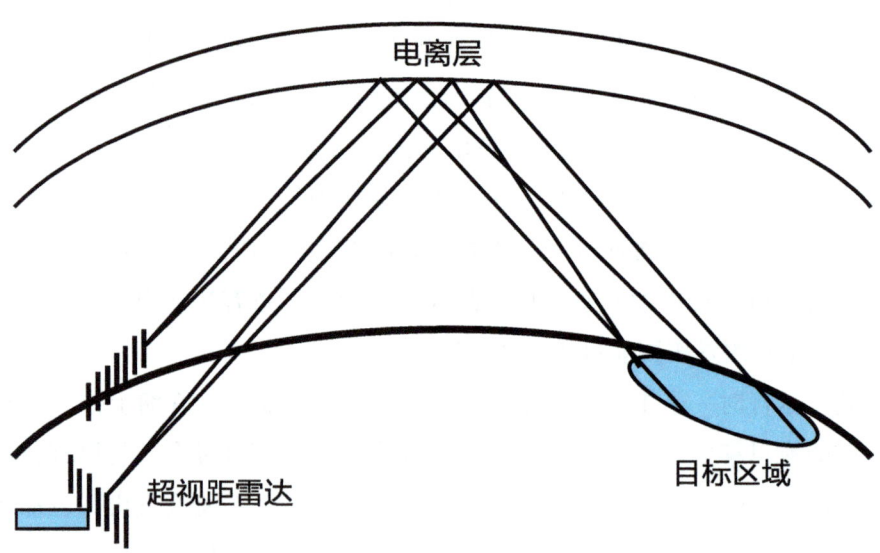

▲ 超视距雷达工作原理

▲ 有代表性的超视距雷达天线

### 2. 末段精确制导和再入机动飞行技术

用于反航母作战的弹道导弹，为了有效打击移动目标和提高突防能力，在自由飞行段和再入大气层飞行段与典型的弹道导弹有所不同，主要增加两项功能：

● 中段变轨功能，即增加变轨发动机，在外层弹道中段可改变导弹飞行轨迹，使导弹具有机动再入能力。

● 末段精确制导功能，即增加导弹末制导，采用毫米波雷达、红外焦平面成像、反辐射雷达或两种以上方式组成的末制导弹头，当导弹机动再入飞临目标上空时，具有末段寻的制导能力。

普通的弹道导弹通常采用惯性制导，命中精度比较差，只适合打击固定的、大型的面目标。当前，弹道导弹的发展趋势是增加中段及末段制导，使其能变轨，既可增大突防能力，也能大幅度提高导弹的命中精度。美国的"潘兴Ⅱ"战术弹道导弹是首先使用末制导技术的导弹，它的末段制导采用雷达区域相关制导技术。然而，"潘兴Ⅱ"战术弹道导弹对付活动目标还存在两个问题：一是其末段制导是为固定目标所开发，不能用于打击航母这样的活动

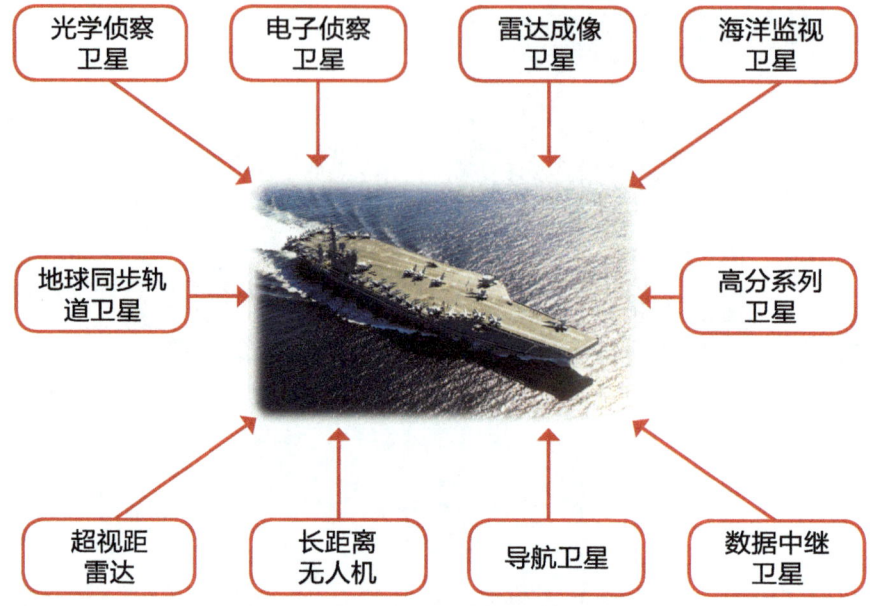

▲ 对航母进行侦察和跟踪的系统构成

目标；二是其末制导雷达在距目标上空 15 千米才开始工作，且探测范围小，如果航母作较大范围的机动，就有可能超出雷达的探测范围。因此，从技术上分析，要使弹道导弹能打击活动目标，就其本身而言，需解决两个问题：一是末制导对活动目标的探测跟踪问题；二是在弹道导弹中段即在较高（远）的距离上进行制导问题，以减小导弹在末段的调整范围。据有关专家介绍，使用四波束毫米波多普勒雷达和毫米波辐射计两种设备组合进行制导可以较好地解决以上两个问题。四波束毫米波多普勒雷达可以测出导弹自身的高度、速度和姿态角。毫米波辐射计则可以探测出目标所在的位置，它可以在 200 千米以上高空开机，并可以一直工作到命中目标为止。以上两种设备的组合不但可以解决导弹中段的制导问题，也可以同时解决导弹末段的制导问题。此外，也可以使用北斗导航系统对导弹进行中段制导，以提高射击精度。

### 3. 突防技术

美国海基中段拦截系统（SMD）已经开始部署，反舰导弹在实战中必然面对敌方的拦截，为了增加突防成功率，有必要采取多种突防措施。目前常见的弹道导弹突防手段包括：

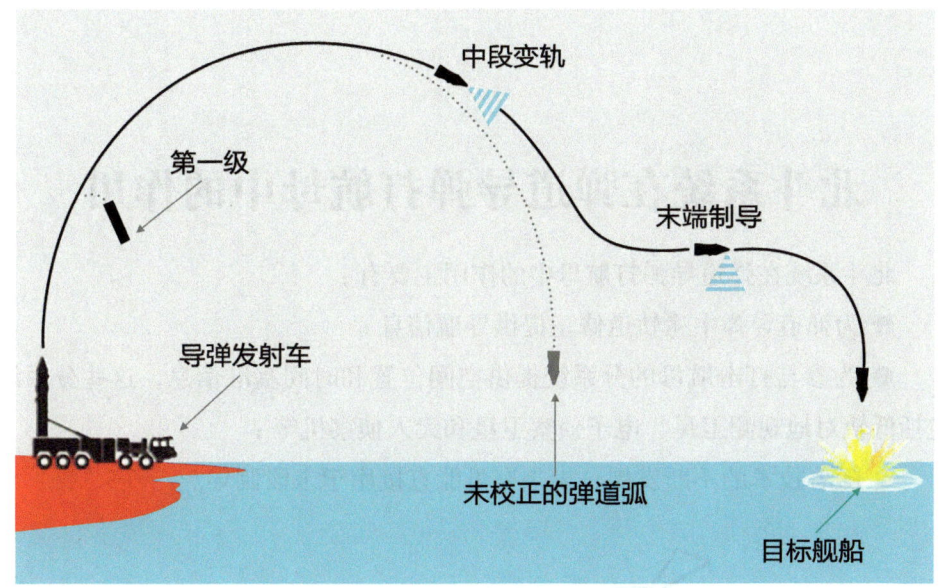

▲ 采用中段变轨及末段制导的弹道

● 在弹道导弹发射之前，向敌方的航母战斗群发射反辐射巡航导弹，使敌方的各种雷达致盲，摧毁战舰上的电子设备。

● 饱和攻击，同时发射多枚导弹或携带多枚弹头，超出防御系统的拦截能力。

● 诱饵欺骗，通过使用诱饵，使防御系统难以分辨出真目标，包括复制诱饵（大量与真弹头目标特征相近似的诱饵）、差异化诱饵（大量与真弹头之间、彼此之间目标特征均有一定差异的诱饵，从而使得防御系统无法通过寻找目标特征差异来判断真弹头）、反模拟诱饵（将真弹头伪装成诱饵）。

● 弹道机动，弹道导弹通过某些机动方式改变飞行轨道以躲避防御系统的探测、识别、拦截，分为有意机动和无意机动，包括跳跃弹道、大气层外机动变轨、螺旋弹道、高空滑翔等。

这些方法不可能全部应用到一种导弹上，具体应用应根据敌方防御系统的特点和我方的技术水平、资金条件、导弹性能特点以及突防要求来决定。

# 北斗系统在弹道导弹打航母中的作用

北斗系统在弹道导弹打航母中的作用主要有：

● 为弹道导弹中途轨道修正提供导航信息；

● 为参与打击航母的分系统提供空间位置和时间基准信息，这些分系统包括低轨对地观测卫星、电子侦察卫星和无人侦察机等；

● 随着技术的不断发展，未来有可能直接用于末段制导。

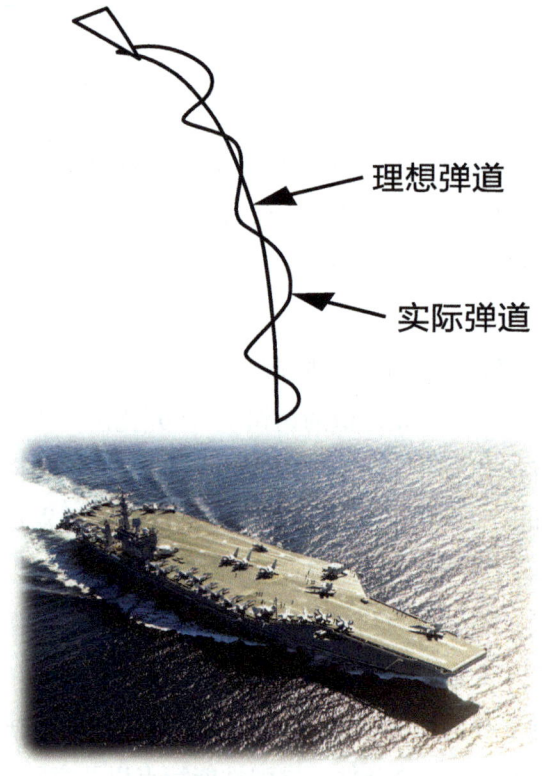

▲ 反舰弹道导弹的螺旋弹道

# 北斗系统在特殊兵种中的作用

## 在无人机上的应用

在以非接触、零伤亡为主要作战形态的现代战争中,美国的"全球鹰"和"捕食者"无人机的优良表现使无人机在现代战争中的作用备受关注。在无人机各系统中,作为关键技术之一的导航系统,为其实现自主飞行、完成各种作战任务提供了重要保证。卫星导航系统以其定位精度高、覆盖范围广等优点,被广泛应用于无人机导航制导领域。

中国的无人机发展迅速,在 2010 年珠海航展上,参展的军用或民用无人机近 30 款。其中一款名为 WJ-600 的无人机首次以实体展现。这款可隐身实施高速突防的无人机代表了中国在智能控制军用航空器领域的新技术。

2004 年,我国在某型无人机上,首次进行了无人机机载"北斗"全程导航实验,取得了圆满成功。实验表明,北斗系统完全满足无人机对导航设计的技术要求。北斗卫星导航定位系统在无人机导航、定位中的作用和应用前景广阔。

北斗系统应用于无人机后,使无人机定位精度、机动性能、可靠性、各无人机之间及与指挥所之间相互协调能力等都有很大的提高。北斗系统可为无人机系统快速提供准确的位置信息和进行实时导航;能增强无人机处理突发事件的能力和生存能力,进一步改善其敌后渗透与救援能力;可加强地面人员设备与无人机系统的信息交流并提高对无人机的测控能力;能传送应急的测控和简短指令信息。由于北斗系统短报文通信属卫星通信链路,相对于专用的卫星测控设备有很高的性价比,尤其对于近短程无人机,在临界或者超出视距测控范围时优点更加突出。卫星通信的广域覆盖能力使得无人机的机动范围得到明显扩展。

# 在防空兵作战中的运用

防空兵在未来的作战行动中，将面临越来越多的高科技、高性能空袭兵器的压制，防空作战的反应时间将大大缩短，且精度要求也越来越高。其防御对象不仅有战斗机、远程轰炸机，还有各种型号的巡航导弹，如美国的F-22和F-35战斗机，B-1、B-2和B-52战略轰炸机，战斧巡航导弹等，既有远程，又有近程；既有高空，又有低空。因此，防御难度非常大。

北斗卫星导航定位系统的成功运行，为我军防空兵整体作战能力的提高提供了机遇，故应对其进行研究，充分利用其优势特点提升我军的防空作战能力。

北斗卫星导航定位系统在防空兵作战中的作用主要在以下几方面：

● 增强作战指挥情报的传输能力和保密性。

● 在大区域防空作战指挥情报系统中，可满足防空兵侦察与阵地的实时定位、电子作战部队的定向和引导、战场快速定位与部队行进引导、合成作战中战斗队形联测与通信及作战指挥中的实时定位的需求，为防空导弹提供精确的导航定位信息。

● 在机动过程中，部队通过定位导航系统精确确定己方、友邻位置，发现、定位和跟踪来袭的空袭目标，实时获取各种信息，为确定下一步机动路线、选择作战方案提供依据。

● 敌我识别。

第 7 章 战场之上，"北斗"蓄势待发

▲ 美国 F-22 战机

▲ 美国 B-1 轰炸机

 北斗卫星导航系统

# 北斗系统在作战协调中的应用

随着科学技术的迅速发展，现代战争已进入陆、海、空、天一体化的时代。在现代立体化战争中，需要对整个战场、各种武装力量的部署进行协调。北斗卫星导航定位系统具有全天候、全天时、高精度、大范围、快速实时的特点，能为各军兵种提供位置、坐标、速度、时间以及短报文通信功能，已经成为现代化军事活动和武器装备必不可少的基础设施，是提升军队战斗力的倍增器，直接关系到战事的胜负。

## 实现协同指挥和联合作战

现代战争的指挥部门，可将部队和各种空天设备的机动位置实时显示在电子地图或作战屏幕上，建立作战指挥管理系统。指挥员可利用这一系统随时监控动态情况，准确决策，进行指挥调度。北斗卫星导航定位系统可以与空天指挥自动化网络或全军指挥自动化网络联网，实时为各级指挥部门、各军兵种提供战场态势和联合作战部队的动态信息，实现高效的协同指挥和联合作战。

▲ 利用北斗系统实现协同作战

## 实现军事装备自主导航

北斗卫星导航定位系统可为各种军事载体提供导航定位服务。可用来实现车辆舰艇的自主导航；利用用户终端向用户提供位置、时间信息，包括车船航迹显示，也可结合电子地图进行位置信息的显示，行驶路线和行驶时间估算。通过这些导航定位服务大大提高部队的机动作战和快速反应能力。

北斗系统将为航母提供导航。目前，中国首艘航母——辽宁舰已经正式交付使用，将来北斗系统也为我国的航母乃至航母战斗群出海作战提供导航。

在海军方面，除了北斗系统外，中国在"863"计划、"十五"计划中成功研制了差分水下立体定位系统，开发出了中国第一套水下高精度导航和定位系统，将卫星定位及导航技术和声呐技术结合起来，可以实现全球陆地、空间和海洋的一体化无缝导航。这无疑大幅增加了我军水下战力的精准度。

▲ 中国首艘航母——辽宁舰

## 空天部队和武器装备实现快速机动

卫星导航系统可用于军用飞机、直升机、无人机等飞行器的领航定位和编队运行。飞行员可通过卫星导航系统实时掌握飞行器的位置坐标、运行方向和速度等信息，在不依赖地面控制中心的条件下，通过自主导航，准确引导飞行器到达战区，具有一定的隐蔽性。

## 为"太空快速响应作战"提供全天时导航

"太空快速响应作战"旨在应对未来突发事件需要，其主要思想是快速、准确地将航天器送入太空，快速投入运行，从而为地面战场作战人员提供快速的空间侦察、通信等信息支持。

▲ 歼 10 与歼 11 编队飞行

"太空快速响应作战"对时间有很高要求，要求航天器能快速发射、快速入轨。目前，航天器入轨测控主要依靠地面测控网来完成，受测控站布站选址限制，跟踪弧段有限，不连续，航天器从发射到进入任务轨道可能需要数天时间。而卫星导航系统通过播发下行导航信号和星间链路，能够对航天器实现全空域、全天时覆盖，使航天器入轨不受跟踪弧段限制，入轨时间能缩短到数小时，满足"太空快速响应作战"需要。

## 战场监测和毁伤评估

采用卫星导航的空对地导弹、巡航导弹、制导炸弹及无人侦察机等武器装备，可将弹药替换为监测数据传输装备，即可将战场实时景象经卫星无线电定位系统链路，传输给地面中心，使地面中心获取战场实时侦察信息；也可将对方被打击后的毁伤图像传回地面中心，实时评估毁伤效果，为制定再次打击决策提供依据。

## 为在轨动能拦截提供精确导引

在轨动能拦截是指利用非爆炸性的高速战斗部，以巨大动能直接撞击目标航天器，造成目标摧毁的一种作战样式。动能拦截不仅要求具有非常高的速度，确保产生巨大的动能摧毁目标，而且要求具有非常高的精度，实现零脱靶量，确保直接撞击到目标。要在几百千米至几万千米的空域范围内实现动能拦截器与目标航天器精确撞击，这对动能拦截器的精确制导提出了很高要求。卫星导航系统能够在动能拦截器初段和中段为其提供精确导引，保障其能在末段击中目标。在美国 2005 年成功进行的"深度撞击"试验和 2008 年海基动能反卫试验中，GPS 系统均发挥了重要的精确导引作用。

▲ 动能拦截器

## 搜索营救、抢险救灾

卫星导航系统可以提供战区、灾区和险情的准确位置，有效保障部队与指挥中心之间的联系，缩短救灾或营救时间，降低损失。手持式或便携式用户机可以提供给飞行员使用，当飞机出现故障时，可迅速确定并报告所处位置。飞行员跳伞后可进行紧急定位并通知基地，便于基地迅速有效地组织营救。遭敌方投放生化、原子武器时，可快速确定其污染区域，通过短报文通信迅速报告指挥部，以便防化部队及时到达，采取有效防护措施。

## 在特种作战中的重要作用

特种作战由于其隐蔽性、突然性，有时甚至能够对胜负起到关键的作用，因此正在逐渐成为一种重要的作战样式。在特种作战中，北斗导航定位卫星能够为运输特种分队的运输机精确地制定飞行路线，不仅增强了投送的成功率，也大大降低了被敌人发现的概率，使特种分队的行动更加安全、隐蔽。

当特种分队完成任务需要撤离时,导航定位系统又可精确地将分队的位置信息传送给保障分队,实现快速撤离。当特种分队遭敌袭击时,导航定位系统可将特种分队的位置及时准确地传送给支援火力,使支援火力迅速、及时、准确地打击敌人。同时,导航定位系统还可引导特种分队穿过布满障碍的防守地段或充满危险的无人地带。利用定位和通信功能,为单兵提供位置信息和时间信息服务,同时可将单兵的位置信息实时传送到指挥机构,并及时向单兵发送各种指挥指令,以提高单兵的作战和机动能力。

▲ 正在执行任务的特种部队

**编辑手记**

# 拿什么奉献给你，我的读者？

——陆彩云

从神舟五号、六号载人飞船到神舟十号载人飞船，从嫦娥一号人造卫星到嫦娥五号探测器，从天宫一号空间实验室到即将发射的天宫二号空间实验室，全民对太空领域的关注达到了前所未有的高度，广大青少年对太空知识的兴趣也被广泛调动起来。但是，适合青少年阅读的书籍却相当有限。针对于此，我们有了做一套介绍太空知识的丛书的想法。机缘巧合，北京大学的焦维新教授正打算编写一套相关丛书。我们带着相同的理想开始了合作——奉献一套适合青少年读者的太空科普丛书。

虽然适合青少年阅读的相关书籍有限，但也有珠玉在前，如何能取其精华，又不落窠臼，有独到之处？我们希望这套作品除了必需的科学精神，也带有尽可能多的人文精神——奉献一套既有科学精神又有人文精神的作品。

关于科学精神，我们认为科普书不只是普及科学知识，更重要的是要弘扬科学精神、传播科学品德。在图书内容上作者和编辑耗费了大量心血。焦教授雪鬓霜鬟，年逾古稀，一遍遍地翻阅书稿，对编辑提出的所有问题耐心解答。2015年8月，编辑和作者一同在国家知识产权局培训中心进行了为期一周的封闭审稿，集中审稿期间，他与年轻的编辑一道，从曙色熹微一直工作到深夜。这所有的互动，是焦教授先给编辑们上了一堂太空科普课，我们不仅学到知识，也深刻感受到老学者的风范：既严谨认真、一丝不苟，又风趣幽默，还有"白发渔樵，老月青山"的情怀。为了尽量提高内容的时效性，无论作者还是编辑，都更关注国内外相关研究的进展。新视野号探测器飞越了冥王星，好奇号火星车对火星进行了最新探测……这些都是审稿期间编辑经常讨论的话题。我们力求把最新、最前沿的内容放在书里，介绍给读者。

关于人文精神，我们主要考虑介绍我国的研究情况、语言文字的适合性和版式的设计。中国是世界上天文学起步最早、发展最快的国家之一，我们必须将我国的天文学发展成果作为内容：一方面，将一些历史上的研究成果融入书中；另一方面，对我国的最新研究成果，如北斗卫星、天宫实验室、嫦娥卫星等进行重点介绍。太空探索之路是不平坦的，科学家和航天员享受过成功的喜悦，也承受过失败的打击，他们的探索精神和战斗意志，为广大青少年树立了榜样。

这套丛书的主要读者对象定位为青少年，编辑针对他们的阅读习惯，对全书的语言文字，甚至内容，几番改动：用词更为简明规范；句式简单，便于阅读；内容既客观又开放，既不强加理念给他们，又希望能引发他们思考。

这套丛书的版式也是编辑的心血之作，什么样的图片更具有代表性，什么样的图片青少年更感兴趣，什么样的编排有更好的阅读体验……编辑可以说是绞尽脑汁，从书眉到样式，到文字底框的形状，无一不深思熟虑。

这套丛书从2012年开始策划，到如今付梓印刷，前后持续四年时间。2013年7月，这套丛书有幸被列入了"十二五"国家重点图书出版规划项目；2013年11月，为了抓住"嫦娥三号"发射的热点时机，我们将丛书中的《月球文化与月球探测》首先出版，并联合中国科技馆、北京天文馆举办了一系列科普讲座，在社会上产生了一定的影响，受到社会各界的好评，2014年年底，《月球文化与月球探测》获得了科技部评选的"全国优秀科普作品"；2014年7月，在决定将这套丛书其余未出版的九个分册申请国家出版基金的过程中，我们有幸请到北京大学的涂传诒院士和濮祖荫教授对稿子进行审阅，涂传诒院士和濮祖荫教授对书稿整体框架和内容提出了中肯的意见，同时对我们为科普图书创作所做的探索给予了充分肯定，再加上徐家春编辑在申报过程中认真细致的工作，最终使得本套书得到国家出版基金众专家、学者评委的肯定，获得了国家出版基金的资助。

感谢我们年轻的编辑：徐家春、张珑、许波，他们在这套书的编辑工作中各施所长，倾心付出；感谢前期参与策划的栾晓航和高志方编辑；感谢张凤梅老师在策划过程中出谋划策；感谢青年天文教师连线的史静思、王侬兵、孙博勋、李鸿博、赵洋、郭震等在审稿过程中给予的热情帮助；感谢赵宇环、贾玉杰、杜冲、邓辉、毛增等美术师在版式设计中的全力付出……感谢所有参与过这套书出版的工作人员，他们或参与策划、审稿，或进行排版，或提供服务。

这套书的出版过程，使我们对于自身工作有了更进一步的理解。要想真正做出好书，编辑必须将喧嚣与浮华隔离而去，于繁华世界静下心来，全心全意投入书稿中，有时候甚至需要"独上西楼"的孤独和"为伊消得人憔悴"的孤勇。

所以，拿什么奉献给你，我的读者？我们希望是你眼中的好书。

附：《青少年太空探索科普丛书》编辑及分工

| 分册名称 | 加工内容 | 初审 | 复审 | 审读 | 编辑手记审校 |
|---|---|---|---|---|---|
| 遨游太阳系 | 统稿：张珑<br>文字校对：张珑、许波<br>版式设计：徐家春、张珑<br>3D 制作：李咀涛 | 张珑 | 许波 | 陆彩云<br>田姝 | 张珑<br>徐家春 |
| 地外生命的365个问题 | 统稿：徐家春<br>文字校对：张珑、许波<br>版式设计：徐家春<br>3D 制作：李咀涛 | 徐家春 | 张珑 | 陆彩云<br>田姝 | |
| 间谍卫星大揭秘 | 统稿：徐家春<br>文字校对：许波、张珑<br>版式设计：徐家春 | 徐家春 | 张珑 | 陆彩云<br>田姝 | |
| 人类为什么要建空间站 | 统稿：张珑、徐家春<br>文字校对：张珑<br>版式设计：徐家春、张珑 | 许波 | 徐家春 | 商英凡<br>彭喜英<br>陆彩云 | |
| 空间天气与人类社会 | 统稿：徐家春<br>文字校对：张珑、许波<br>版式设计：徐家春 | 徐家春 | 张珑 | 陆彩云<br>田姝 | |
| 揭开金星神秘的面纱 | 统稿：张珑<br>文字校对：陆彩云、张珑<br>版式设计：张珑<br>3D 制作：李咀涛 | 张珑 | 徐家春 | 吴晓涛<br>孙全民<br>陆彩云 | |
| 北斗卫星导航系统 | 统稿：徐家春<br>文字校对：许波、张珑<br>版式设计：徐家春 | 徐家春 | 张珑 | 陆彩云<br>田姝 | |
| 太空资源 | 统稿：徐家春、张珑<br>文字校对：许波、张珑<br>版式设计：徐家春、张珑 | 许波 | 徐家春 | 陆彩云<br>彭喜英 | |
| 巨行星探秘 | 统稿：张珑<br>文字校对：张珑、许波<br>版式设计：徐家春、张珑 | 张珑 | 许波 | 陆彩云<br>孙全民<br>吴晓涛 | |